陕西省社会科学基金重点项目(2014ZD09)及西北农林科技大学人文社科专项项目(2012RWZX11)资助成果

陕西农业废弃物资源化利用问题研究

朱建春 著

中国农业出版社

图书在版编目（CIP）数据

陕西农业废弃物资源化利用问题研究 / 朱建春著. —北京：中国农业出版社，2015.3
ISBN 978-7-109-20251-1

Ⅰ.①陕… Ⅱ.①朱… Ⅲ.①农业废物-废物综合利用-研究-陕西省 Ⅳ.①X71

中国版本图书馆 CIP 数据核字（2015）第 046204 号

中国农业出版社出版
（北京市朝阳区麦子店街 18 号楼）
（邮政编码 100125）
责任编辑 闫保荣

北京中兴印刷有限公司印刷 新华书店北京发行所发行
2015 年 4 月第 1 版 2015 年 4 月北京第 1 次印刷

开本：700mm×1000mm 1/16 印张：10.25
字数：180 千字
定价：26.00 元

前　言

中国是世界上最大的农业国家之一。随着农业现代化和农村城镇化步伐的加快，中国每年生产出大量的秸秆、畜禽粪便，且产量呈线性化增长。大量秸秆被焚烧、大量含有有害物质的畜禽粪便被弃置或冲入水体，造成了严重的环境污染，危及人畜健康，已经成为农业面源污染的重要来源。由于秸秆、畜禽粪便含有丰富的养分，是宝贵的、可再生的生物质资源，因此进行农业废弃物的资源化利用是治理农业面源污染、节约生物质资源、节能减排、生态环境保护和可持续发展的重要内容。陕西是传统的农业大省，农业畜牧业生产规模较大，每年大量农业废弃物的利用问题已成为农业发展必须解决的难题。虽然当前对各省市地区农业废弃物利用的已有研究较多，但涉及陕西省的研究相对较少，从环境社会学角度对农业废弃物资源化利用问题的探讨也较为缺乏。为此，本研究主要从环境社会学的理论视角出发，结合管理学、环境学、经济学等学科的理论方法，综合运用调查法、文献法、统计分析法、地理信息分析法和实验法等定性与定量研究方法，以农业秸秆和畜禽粪便等两类农业废弃物的利用为研究对象，旨在了解陕西省农业废弃物的潜在污染风险、利用现状与存在的问题，并提出政策建议。主要研究内容与结论如下：

第一，评估了陕西省农业废弃物的潜在污染风险。估算并分析了陕西作物秸秆、畜禽粪便的产量及其时空分布特征，在此基础上分析了陕西农业废弃物不合理利用的潜在污染风险。结果表明，陕西秸秆、畜禽粪便的资源化利用潜力都相当可观。1978—2009 年的陕西农作物秸秆产量和2005—2009年的陕西畜禽粪便产量均呈缓慢增长趋势。2009年作物秸秆达1 682.24万吨，畜禽粪便达6 166.81万吨。陕南、陕北和关中地区在农业废弃物的时空分布方面具有明显的差异。秸秆和畜禽粪便的不合理利用，存在加重陕西省大气雾霾污染和土壤重金属超标等环境污染风险，需要加快促进陕西农业废弃物的资源化利用。

第二，比较了传统农业和现代农业生产方式下各种农业废弃物利用模式的特点、效率、效益及发展趋势。研究发现：虽然传统小规模农业废弃物利用模式的资源化利用率较低，但其农业废弃物的利用率较高，与传统农业社会的生产生活相适应。该模式对现代社会农业废弃物的利用仍具有积极的启示作用。现代小规模农业废弃物利用模式虽与传统小规模农业废弃物利用模式的特点类似，但已经不能满足现代社会对大量农业废弃物进行资源化利用的需求。现代大规模农业废弃物利用模式对农业废弃物的资源化利用率和利用率都较高，是未来农业废弃物利用的主要模式，但面临着技术、成本、市场等难题，这些难题的破解是提高该模式的利用效率和效益的前提。

第三，分析了陕西农业废弃物资源化利用存在的问题。主要包括农业废弃物利用成本高、农业废弃物利用存在技术瓶颈、农业废弃物利用主体的积极性与环境意识低、农业废弃物利用市场初步建立但不成熟、农业废弃物大规模利用存在诸多问题等。

第四，分析了农业废弃物利用的影响因素与机制。首先以农户作物秸秆资源化利用行为为例，通过实证模型研究，探讨农户农业废弃物资源化利用行为的影响因素。在此基础上，尝试在理论层面讨论农业废物利用的影响因素与影响机制。研究表明，农业废弃物的利用方式与利用率受到自然地理环境和政策、人口、工业、农业与技术等社会因素综合作用的影响。

第五，系统梳理与分析了农业废弃物资源化利用的相关政策，并针对如何促进陕西农业废弃物的资源化利用，提出了政策优化建议。

研究对拓展环境社会学的研究对象范围，摸清陕西农业废弃物资源的现状与存在的问题，为陕西省乃至西部地区以及中部邻省相关政策的制定提供科学依据等方面具有重要的理论和现实意义。

目　　录

第一章　导　　言

1.1　研究背景

农业废弃物（agricultural residue）是指在整个农业生产过程中被丢弃的有机类物质，主要为农、林、牧、渔业生产过程中产生的生物质类残余物，包括作物秸秆、畜禽粪便、动物残体、骨骼及羽毛等，并以作物秸秆和畜禽粪便最为普遍。中国是世界上最大的农业国家之一，随着农业现代化及城镇化的发展，中国的农业生产也越来越市场化和集约化，农业生产方式发生了巨大变化，导致农业生产效率大幅提高。农作物种植业的发展，在粮食作物产量大幅提高的同时，产生了大量的农田有机废物——作物秸秆；在畜禽养殖业的发展中，产生了大量的养殖有机废物——畜禽粪便，这两种有机废物，在中国的农业生产过程中有极大的排放量。

据估算，中国每年有超过7亿吨的农业秸秆（毕于运等，2009）和超过30亿吨的畜禽粪便产生（王方浩等，2006）。在耕作过程中产生的大量农业秸秆，长期以来被当作废弃物，随意处置或大面积焚烧，已造成严重的大气环境污染问题（曹国良等，2006）；而大量排放的畜禽粪便，不但会释放恶臭液体、固体和气体，同时还携带有病原微生物、抗生素和重金属等物质，其被大量弃置和低效率利用，致使大量有害物质被排入环境，加剧了环境污染，对社会发展和人类健康带来了极大的影响（Mallin and Cahoon，2003；Xiong et al，2010；Zervas and Tsiplakou，2012；李炜和张红，2013）。国家环境保护总局自然生态保护司的调查报告表明，中国目前对于农作物秸秆多采用弃置、就地焚烧等处理措施，对于畜禽粪便则采用弃置或用水冲后直接排入农田或水体的处理方式。这种不合理的利用方式，不仅造成了大量的生物质资源浪费，还造成严重的环境污染问题。畜禽粪便的属性可以分为自然属性和社会属性两类，是可以从农业废弃物的物理、化学、生物学及养分和污染特性，以及来源结构、产生量、处理技术方案等自然属性方面来开展探索；也可以从农业废弃物的空间分布特征以及由此对畜牧业经济、社会和环境产生的影响等社会属性方面开展研究（廖新俤，2012）。中国目前所提倡的农业废弃物“资源化利用”，是指依据农业废弃物的物理、化学特征，通过一定的技术手段，将之转化为对社会生产有利、对人类生存环境威胁尽量小的物质的过程。

资源学认为，没有绝对的废弃物，只有放错地方的资源。众所周知，农作物光合作用的产物有一半左右存在于秸秆之中。秸秆富含多种养分（氮、磷、钾、镁、钙、硫等）和有机质，畜禽粪便含有氮磷钾和钙、镁、锌、铁、铜等营养元素，二者都是极为宝贵的生物资源。据联合国环境规划署（UNEP）统计，全球各类农作物的秸秆产量，每年多达 17 亿吨，其中，中国每年可生产农作物秸秆为 6 亿多吨，占世界总量的 1/3，占中国生物质资源总量的一半，折合标准煤约 3 亿吨（管小冬，2006）。从形式上看，农业生产过程中大量产生的农业秸秆、畜禽粪便等农业有机固体物，均是很简单的农产品类生物质资源，若投入高新技术使其具有商品价值，并能产生较高的附加值，还需要较多的后期投入；但若这些资源在农业生产系统内部无法被高效消纳，就会成为农业有机废弃物；造就了“资源”和“废物”之间一步之遥的局面。但永远无法忽视的是，这些“废物”的“资源”化潜力巨大（田宜水，2012；谭祖琴和徐文修，2008；崔卫芳等，2013；韦秀丽等，2011）。

为此，中国政府高度重视农业废弃物的资源化利用问题。由表 1－1 可见，国务院办公厅早在 1992 年转发的农业部《关于大力开发秸秆资源发展农区草食家畜的报告》开始，至中国国家环境保护总局自然生态保护司于 2002 年所编写的《全国规模化畜禽养殖业污染情况调查及其防治对策》调查报告的公布，中国政府对农业废弃物的环境危害和资源化利用已经有了初步的认识。在此后的 2008—2011 年间，中国政府出台了诸多政策和文件，并明确提出了“十二五”期间资源综合利用工作的指导思想、基本原则、主要目标、重点领域以及政策措施，同时提出了在工业、建筑业和农林业等领域选择产生堆存量大、资源化利用潜力大、环境影响广泛的固体废物编制实施方案（表 1－1）。这些政策的出台，一方面彰显了中国政府发展废弃物资源化利用的决心；另一方面也反映了中国当前对于农业有机废物的资源化利用层次低下；其次，还说明了摒弃农业废弃物的传统低效利用方式，促进农业废弃物的资源化利用，已成为中国农业发展亟待解决的重要问题之一。第三，中国政府高度重视农业废弃物的资源化利用，当前的政策导向是，亟须摸清中国不同区域的农业废弃物的分布特征、污染现状和利用现状。

表 1-1 中国政府进行农业废弃物资源化利用的部分举措

时间	组织单位	文 件
1992	国务院办公厅转发	农业部《关于大力开发秸秆资源发展农区草食家畜的报告》
2002	国家环境保护总局自然生态保护司	《全国规模化畜禽养殖业污染情况调查及其防治对策》的调查报告
2008	国家发展和改革委员会	《可再生能源中长期发展规划》
2008	国务院办公厅	国办发［2008］105号文件《关于加快推进农作物秸秆综合利用意见的通知》
2010	国家六部委联合发布	《中国资源综合利用技术政策大纲》（2010年第14号）
2011	国家发展和改革委员会	《“十二五”资源综合利用指导意见》
2011	国家发展和改革委员会	《大宗固体废弃物综合利用实施方案》

如何促进陕西农业废弃物的资源化利用？只有了解陕西省农业废弃物的资源特点、利用现状、存在的问题及影响因素，才能促进陕西农业废弃物资源化利用率。本研究在文献研究、陕西省全面调查、陕南汉中与关中杨凌示范区的典型调查的基础上，致力于回答这一科学问题。

陕西省位于中国内陆腹地，位于东部湿润气候区向西部干旱气候区的过渡地带，从南到北横跨亚热带、暖温带和温带三个气候带，是中国西部地区重要的农业省份。2009年陕西关中地区小麦和玉米的产量合计占粮食总产量的90%以上，因而具有丰富的农作物秸秆资源。陕西省原非传统的畜牧业区，近几年，陕西调整产业结构，重点扶持畜牧业，目前畜牧业已成为陕西农业经济的主要产业。截至2009年年底，陕西猪、禽、牛等主要畜禽品种存栏分别达到1 196万头（增速19.8%）、6 495万只（18.1%）、240万头（32%）；猪、禽、牛规模化程度分别达到67%、85%和24%；牧业总产值387.90亿元，比2005年增长了1.95倍。随着养殖业的飞速发展，每年大量畜禽粪便的资源化处理必将成为陕西畜牧业规模化发展的基本前提。陕西近几年深受农业废弃物不合理利用的困扰，亟待提高农业废弃物的资源化利用率。对陕西农业废弃物利用问题的研究成果，对西部地区也具有较高的参考价值。

汉中位于陕西省西南部，北依秦岭，南屏巴山，中部为盆地，东经106°51′～107°10′、北纬33°02′～33°22′之间。中国古代四大河流之一的汉江流经汉中，全市水能可开发量87万千瓦，是西北地区水资源最丰富的地区之一。截至2010年12月31日，汉中市辖1区10县面积27 246平方千米，户籍人口

380.03万，常住人口341.62万人（第六次人口普查数据）。汉中气候温和、湿润，年平均气温14.3℃，降水量871.8毫米，生态环境良好，沼气的理论适宜度高。因此汉中市政府大力推广农村户用沼气，据汉中市政府公告显示，2009年年底，全市已建成沼气池5万口，建立了2个沼气综合示范村和3个后续服务网点，利用沼气、沼液、沼渣等资源，推广猪—沼—果（粮、菜、茶）等循环经济模式。汉中市的农业废弃物沼气化利用在全省范围内具有典型性。

杨凌示范区（杨凌农业高新技术产业示范区）位于陕西关中平原中部，东距西安市82公里，西距宝鸡86公里，面积135平方公里，总人口20.22万。是中华农耕文明的发祥地，最早可以追溯到4 000多年前，当时中国历史上最早的农官——后稷在此“教民稼穑”。国务院于1997年7月13日决定设立杨凌农业高新技术产业示范区，纳入国家管理，是中国三大农业示范区之一。目前共有10家农业科教单位，农林水等学科的科教人员近5 000名，被誉为中国“农科城”。农牧良种业是杨凌的传统优势产业，近年来，引进和培育了一批农牧良种高科技企业，建成1 500头规模养猪场8座，100头规模养猪场50座，生猪存栏1.9万头。新建和改造标准化奶牛养殖小区8座，奶牛存栏9 000多头（杨凌示范区农业高新园区，2014）。随着畜禽养殖业的快速发展，畜禽养殖已经成为杨凌示范区水污染物排放的重要源头，是杨凌污染减排和渭河清水行动的重点整治内容（杨凌示范区环境保护局，2014），陕西省每年排入渭河的氨氮总量约为37 100吨/年，其中流域农业面源污染是造成渭河氨氮污染的主要原因，其排放的氨氮量占76.6%（李云生等，2004）。杨凌示范区下辖五泉镇、揉谷镇、大寨镇、杨陵街道办事处（老杨村乡一部分和老杨陵街道办）、李台街道办事处（老杨村乡一部分和李台乡合并）。各地区基本的农业经济情况如表1-2所示（数据来自杨凌示范区统计局）。耕地面积较多的地区是揉谷和五泉；养殖大户主要集中于五泉和大寨；农民合作社主要集中于揉谷、五泉和大寨；种植大户主要集中于揉谷、五泉和大寨；养殖大户主要集中于大寨和五泉；第一产业从业人数主要集中于揉谷、五泉和大寨。农业户籍人口中，第一产业从业人数所占比例较高的是揉谷、五泉和大寨。可见，揉谷、五泉和大寨是杨凌的主要农业区。在户用沼气普及方面，2003—2010年杨凌示范区建设沼气项目数7 264户，占各乡镇总户数的69.7%（杨文歆和张晖，2014）。杨凌示范区是中国农业发展的试脚石，代表着中国农业发展的未来方向，因此，对杨凌示范区农业废弃物利用模式的调查极具典型性。

表 1-2　2011—2013 年杨凌各地区农业经济情况

各年份均值	大寨镇	李台街道办事处	揉谷镇	五泉镇	杨陵区杨村街道办
农业户籍人口数	16 860.00	26 187.50	35 023.00	24 478.50	—
第一产业从业人数	4 959.50	1 034.00	10 263.00	8 524.00	3 739.50
第二产业从业人数	3 535.00	4 692.25	6 793.00	5 271.75	4 096.50
第三产业从业人数	1 335.50	13 373.25	905.25	3 141.00	4 502.00
耕地面积（公顷）	760.33	20.00	2 469.50	1 686.00	670.00
设施农业占地面积（公顷）	168.00	26.00	486.00	473.00	84.00
农作物播种面积（公顷）	849.25	236.50	2 951.75	2 281.75	1 137.75
耕地流转面积（公顷）	264.00	0.00	84.00	581.50	84.50
农民合作社个数	27.50	9.50	76.25	63.50	5.75
农民合作社成员数	273.50	79.50	2 437.25	653.67	296.75
种植大户数	9.50	0.00	14.50	11.50	1.00
畜禽养殖大户数	15.50	0.00	5.00	7.50	5.00

注："—"表示没有数据。

1.2　研究目的与意义

1.2.1　研究目的

本研究主要从环境社会学的理论视角出发，结合管理学、环境学、经济学等学科的理论方法，综合运用调查法、文献法、统计分析法、地理信息分析法和实验法等定性与定量研究方法，以农业秸秆和畜禽粪便等两类农业废弃物的利用为研究对象，以期达到以下几个研究目的：

目的 1：了解陕西省农业废弃物的潜在污染风险。

目的 2：了解农业废弃物利用的现状与存在的问题。

目的 3：探究农业废弃物利用的影响因素与机制。

目的 4：针对如何促进陕西农业废弃物的资源化利用，提出政策建议。

1.2.2 研究意义

本研究的理论意义在于：

本研究的实施有利于拓展环境社会学的研究对象范围，提升环境社会学相关理论的解释力。环境社会学已有研究中，对大气雾霾、水污染等危机性环境问题研究比较多，但较少涉及农业废弃物的利用。事实上，农业废弃物不科学利用形成的环境污染问题已经构成了环境社会学对环境问题构建的基本条件，因此属于环境问题之一，应该得到环境社会学的重视和研究。同时，将环境社会学理论用于解释农业废弃物污染问题，将会扩展环境社会学理论的解释范围，进而提升环境社会学理论的解释力。此外，本研究结果还有助于验证已有的环境社会学理论。

本研究的实践意义在于：

（1）有利于了解陕西农业废弃物的数量及分布特点，科学评价其污染现状，为政策决策和进一步的科学研究提供基础的科研数据。同时，有利于总结陕西农业废弃物资源化利用的成功经验和模式，对于西部地区具有较强的推广意义。西部地区都属于干旱和半干旱地区，在生产方式、养殖特点方面存在一定的共性，因此，本研究关于陕西的研究成果，对西部地区的研究和实践都具有较高的应用价值。

（2）有利于增加陕西农户的经济与环境利益，促进循环农业的实现以及新农村、环境友好型社会以及和谐社会的建设。

（3）废弃物综合利用，有利于节约和替代原生资源，实现资源的可持续利用。有利于缓解突出的环境问题，减少废弃物排放、堆存所造成的对土壤、大气、水质等环境的影响和对人体健康的危害；农作物秸秆综合利用可以有效解决随意焚烧污染环境以及影响交通安全等问题。

1.3 国内外已有研究回顾

农业废弃物同时具有自然属性和社会属性，自然属性指的是农业废弃物的物理、化学、生物学及养分和污染特性，以及来源结构、产生量、处理技术方案等方面；社会属性则指的是农业废弃物的空间分布特征以及由此对畜牧业经济、社会和环境产生的影响等社会属性方面（廖新俤，2012）。如果按照这个分类标准，则已有研究对农业废弃物的自然属性与社会属性都进行了有意义的探索。

1.3.1 农业废弃物低效利用环境危害的研究

秸秆焚烧带来的环境危害。农户对秸秆的随意焚烧，导致 $PM_{2.5}$、CO_2、SO_2、NO_x、NH_3、VOC、POPs、PAH 等污染物质的大量释放（李炜和张红，2013；Cao et al，2008；王丽等，2008），造成了严重的空气污染和资源损失，由附件 1 中对秸秆燃烧产生的污染物的估算和统计可见，陕西秸秆焚烧量的绝对值较大，不容忽视。国家气象局的卫星火点观察统计表明，2002—2005 年间，西部地区的陕西、甘肃、云南三省对秸秆的焚烧最严重，陕西省对西部地区农业秸秆焚烧的贡献率高达 21.19%（何立明等，2007）。秸秆露天焚烧，不仅白白浪费掉了大量的生物资源，而且焚烧过程所产生大量的烟雾、烟尘、一氧化碳、二氧化碳、二氧化硫等污染物质，不仅会危害人体健康，还会对局部大气环境和气候系统产生重要影响，甚至在焚烧秸秆密集季节产生的大量烟雾会影响航天和公路交通安全，而且存在的火灾隐患会影响工农业生产和公共设施的安全（李炜和张红，2013）。

畜禽粪便排入水体、土壤带来的环境危害。一般而言，畜禽粪便中常含有大量的有机质、氮磷钾、重金属、抗生素和病原菌等。由于畜禽粪便中的有机质、氮磷钾等是植物生长所必需的营养物质，因此畜禽粪便常用作肥料原料。但随着中国各省市集约化畜禽养殖场数目和养殖规模的提高，必将会有大量的畜禽粪便产生。规模化养殖的结果是大量畜禽粪便被弃置，畜禽粪便产生的废液、废物、废气、抗生素、病原微生物和微量重金属元素等物质，会加剧农业面源污染和生态环境恶化（Mallin and Cahoon，2003；Xiong et al，2010；Zervas and Tsiplakou，2012）。畜禽粪便还是人畜（禽）共患传染病的主要传播载体（张晓东，2006；Imbeah，1998；Unc and Goss，2004；李荣华，2013）。由于环境污染存在链锁效应，若土壤、水、大气中某一元素被污染，则会连带污染到另外两个元素，最终威胁到人类的生存。例如，畜禽粪便已被证明是中国水生生态系统中氮磷和病原微生物污染的主要来源（Mallin and Cahoon，2003；刘东等，2007）。1997—2004 年间中国只有山西、内蒙古、黑龙江、西藏、青海、新疆、江苏和四川等八省（自治区）畜禽粪便氮污染负荷量对环境尚未构成潜在威胁（张绪美等，2007）。国家环境保护总局自然生态保护司的调查报告（国家环境保护总局自然生态保护司，2002）表明，目前中国各地区每公顷耕地的畜禽粪便负荷水平远大于环境警报值，已造成了沉重的环境压力（附件2）。仅1999年间，全国畜禽粪便产生量约为当年工业固体废弃物产生量的2.43倍，畜禽粪便的COD产生量约为工业污染物COD的10.29倍，畜禽粪便的COD产生量约为生活污水COD的10.21倍；并且中国27个省份或地区的每公顷耕地负荷畜禽粪便水平约在4.68～24.66吨之间，约为当地环境预警值的30倍，另外，全国每公顷耕地负荷畜禽粪便水平也约为环境预警值的29.88倍。可见，畜禽养殖污染已成为农业面源污染的主要来源。若对畜禽粪便不能采取合理的处理措施并强化管理，则随着畜禽养殖业的快速发展，大量排放的畜禽粪便将会扩大农业面源污染的影响范围（Devendra，2007；董红敏等，2011），加剧水体富营养化（Paer and Huisman，2008；Carpenter，2008；Wang et al，2008），甚至将造成严重的环境污染公害（国家环境保护总局自然生态保护司，2002）。

陕西乃至西部地区的情况也不容乐观。由表1－3可以看出，1990—2008年陕西省粪尿及农村生活的TN、TP和COD_{cr}等污染物的总排放量分别介于32.35万～40.45万吨、6.58万～8.71万吨和150.70万～201.58万吨之间，其等标污染负荷分别介于5 983 764万～8 658 216万平方米、4 274 691万～5 197 956万平方米和11 387 234万～15 117 781万平方米之间，说明畜禽粪便已经造成了严重污染。禽畜废物造成的氮磷富集、杀虫剂除草剂与农膜的过度使用是加剧陕西境内渭河流域农业非点源污染（AGNPS）的主要原因（Rong and Wei，2010）。陕西北部能源基地的玉溪河流域是陕北干旱—半干旱地区经济发展的重要自然要素。但该流域的可持续水质差，含有高浓度的NH_4^+和NO_2，表明受周边工厂和矿山排放的废水的污染（Li，Y et al，2009）。生物质能过度消耗，成为西部地区生态退化的重要根源。西部地区薪柴消费占农村能源总消费量比例，在20世纪80年代初期为40%左右；2001年为23%，西部地区人均薪柴消费量分别比东、中部地区高51%和46%；农户使用沼气后可解决80%以上的生活燃料；西南地区沼气户年使用化肥、农药量比非沼气户少1/5左右，劳动力人均收入提高30%左右（赵佐平等，2014）。关中地区3个点8个畜禽场中60%～70%（张德英，2000）和咸阳市90%的规模化禽畜养殖场（熊忙利，2008）都缺乏粪尿治理设施；铜川市13个大中型规模畜禽场每年流失的畜禽粪尿折算有机污染指标达2 300吨（左建武，2008）。陕西省1990—2008年农业非点源污染的重要来源是禽畜粪尿和农村生活污染（陈勇等，2010；文凌，2012）。

表 1-3 1990—2008 年陕西省粪尿及农村生活污染总排放量及等标污染负荷

（李铁冰等，2009）

年份	粪尿及农村生活污染排放量（万吨）				粪尿及农村生活污染等标污染负荷（百万平方米）			
	TN	TP	CODcr	合计	TN	TP	CODcr	合计
1990	34.73	7.05	174.12	215.90	77 141.04	46 608.45	14 066.79	137 816.28
1991	34.89	7.16	175.37	217.42	76 852.21	46 696.73	14 116.27	137 665.21
1992	35.49	7.33	178.27	221.09	77 835.65	47 298.44	14 274.92	139 409.01
1993	36.13	7.49	181.03	224.65	78 958.66	47 850.90	14 404.15	141 213.71
1994	37.38	7.75	186.04	231.17	81 612.29	48 918.25	14 627.26	145 157.80
1995	37.89	7.79	188.33	234.01	83 371.35	49 649.36	14 804.22	147 824.93
1996	38.83	7.99	191.81	238.63	85 091.12	50 386.68	14 949.35	150 427.15
1997	32.35	6.58	163.89	202.82	70 740.99	44 467.01	13 715.02	128 923.02
1998	34.22	7.01	171.86	213.09	74 563.99	46 061.53	14 042.24	134 667.76
1999	34.70	7.18	175.08	216.96	75 736.76	46 619.93	14 183.57	136 540.26
2000	35.78	7.44	179.89	223.11	77 768.49	47 641.64	14 416.94	139 827.07
2001	35.73	7.48	179.81	223.02	77 112.53	47 513.62	14 393.25	13 019.40
2002	37.02	7.80	185.23	230.05	79 335.78	48 601.50	14 619.43	142 556.71
2003	38.46	8.10	190.74	237.30	82 204.81	49 807.81	14 850.54	146 863.16
2004	39.73	8.37	196.36	244.46	84 907.77	51 113.55	15 156.49	151 177.81
2005	40.45	8.58	200.06	249.09	86 260.56	51 802.08	15 312.10	153 374.74
2006	40.86	8.71	201.58	251.15	86 582.16	51 979.56	15 313.01	153 874.73
2007	28.69	6.14	150.70	185.53	59 837.64	40 980.62	13 054.08	113 872.34
2008	30.71	6.65	159.66	197.02	63 575.41	42 746.91	13 418.28	119 740.60

1.3.2 农业废弃物资源特征、资源化利用潜力的估算与分析

秸秆资源特征、利用潜力方面。目前，对于全国或某区域内秸秆资源总量及分布特征的估算与研究（钟华平等，2003；高利伟等，2009；曹国良等，2007；Wang et al，2012）、全国或区域农作物秸秆资源的利用与开发策略（崔明等，2008；汪海波等，2008；杨中平等，2001）、对秸秆焚烧所产生污染（Cao et al，2008；Pan et al，2012；Zhang et al，2008）及秸秆生物质资源的可利用性（Ju et al，2005；Bryan et al，2011；Ding et al，2012；杨治平等，2001）等方面的探讨较多，并获得了有一定价值的研究结果。许多研究（曹国

良等，2006；钟华平等，2003；高利伟等，2009；崔明等，2008；汪海波等，2008；中国农业部，美国能源部，1998；Li，J F et al，2005；毕于运等，2010；王亚静等，2010；谢光辉等，2011；张培栋等，2007；朱建春等，2012）为摸清中国秸秆资源量做了大量的研究。但仔细比较已有的研究结果，可以发现由于研究获取统计数据的来源有差异、对作物秸秆的界定不统一、秸秆系数的选取不一致（谢光辉等，2010）、对农作物产量统计指标认识不清等原因，使得众多研究对中国秸秆总产量的估计结果之间存在较大差异。所幸，谢光辉等（2011）对中国2006—2010年不同省份和地区种植的禾谷类和非禾谷类大田作物的收获指数和秸秆系数进行了详尽的调查和统计分析，尽管如此，由于中国作物秸秆系数的地区差异较大，还需要各地区的秸秆系数，才能较为精确地进行估算。此外，还有研究估算了中国不同地区（田宜水，2012；耿维等，2013；朱建春等，2014；Chang，I et al，2014；张海成等，2012；张田等，2012；高定等，2006；宋籽霖，2013）、中国中部地区（张颖和陈艳，2012）、新疆（谭祖琴和徐文修，2008）、三江源地区（崔卫芳等，2013）秸秆与畜禽粪便的产沼气潜力。李轶冰等（2009）估算了中国1999—2006年农村户用沼气池发酵原料的资源量，发现河南、四川、山东、河北、湖南五省的畜禽粪便和秸秆资源量居于全国前列，适于大规模发展沼气。

李逸辰等（2014）估算出陕西省2011年农业秸秆可收集利用量为1 196.82万吨，折合标准煤663.56万吨，仅占当年陕西能源消耗总量的6.55%；其中，玉米、小麦和其他谷类秸秆的可转化能源资源量占所有作物可转化能源资源量的比例较高，分别为35.42%、30.46%和17.27%（表1-4）。

在畜禽粪便产量、空间分布、氮磷与重金属污染负荷等方面。已有研究在全国或区域畜禽粪便量及污染状况的估算和评估（王方浩等，2006；阎波杰等，2010；吴飞龙等，2009；谭美英等，2011；刘培芳等，2002；张绪美等，2007）、畜禽粪便的化学成分及其环境危害（Mallin and Cahoon，2003；李飞和董锁成，2011；李书田等，2009）及畜禽粪便的处理方法和技术（Amon et al，2007）等不同角度进行了有价值的探讨。已有研究达成的共识是，中国经济较发达的省份和地区，如河北、山东、河南、四川、内蒙古、河北和辽宁等，其畜牧养殖业较发达或者农业水平较高，因此畜禽粪便产生量较大（张绪美等，2007；耿维等，2013；朱建春等，2014；林源等，2012）。中国大部分省份地区的耕地畜禽粪便氮磷负荷较高（高定等，2006；林源等，2012），北京、河南、山东、四川、湖南、辽宁、河南等地耕地的氮或磷负荷已经超过或逼近欧盟标准 170 千克/公顷（刘东等，2007；张绪美等，2007；耿维等，2013；许俊香等，2005）。虽然中国畜禽粪便的肥料化和饲料化等利用方式较为普遍（李文哲等，2013），但不可忽视的是，已有许多学者（Li et al，2005；Zhang et al，2012；Jiang et al，2011；单英杰和章明奎，2012；杨子仪等，2014）在研究中指出，中国畜禽粪便中含有大量的 Cu、Zn、Pb、Cd、As 等重金属，若持续将畜禽粪便做有机肥还田，则有增加土壤重金属污染的风险。农业部科技教育司与第一次全国污染源普查领导小组办公室于 2009 年公布了《第一次全国污染普查畜禽养殖业源产排污系数手册》（农业部科技教育司等，2009），为更精确地摸清中国畜禽粪便资源及其污染现状提供了重要参数，国家环保部生态司给出了中国区域畜禽粪便负荷量承受程度的警报值 R（国家环境保护总局自然生态保护司，2002）。汉中境内的汉江上游，由于主要农作物不合理施用氮肥，给土壤环境带来了较大的氮素负荷，若长期不合理施用氮肥，则将给土壤环境和汉江上游水体造成严重威胁（赵佐平等，2014）。

表 1-4 陕西 2011 年作物秸秆能源化利用潜力

（李逸辰等，2014）

作物种类	可利用资源量（万吨）	可转化能源资源量（万吨）
小麦	367.45	202.10
水稻	56.04	25.78
玉米	427.37	235.05
其他谷类	204.61	114.58
豆类	24.81	16.13
棉花	13.51	8.38
油菜籽	71.23	43.45
花生	5.76	3.11
其他油类作物	21.53	12.49
麻类	0.30	0.18
糖类	0.04	0.02
烟草	4.17	2.29
合计	1 196.82	663.56

1.3.3 国内外农业废弃物利用现状的研究

总体而言，当前世界上一些发达国家对农业生物质的资源化利用率较高，秸秆的资源化利用方式较多（Champagne，2008；Arthur and Baidoo，2011）。发达国家生物质能的利用率都比较高，2002年，瑞典可再生能源消费量占总能源消费量的比例为28%（其中生物质能占55%）；同样的指标，丹麦12%（81%）、德国3%（68.5%）、意大利5%（24%）（Bryan，B A et al，2011）。2003年，美国生物质能源消费量占可更新资源消费总量的47%，其比例已经超过了水力发电，97%的工业可更新能源消费、84%的居民可更新资源消费和90%的商业部门的可更新资源消费都来自于生物质能源（朱增勇和李思经，2007）。2004年全球可再生能源利用总量的一半以上为生物质能，占一次能源总量的9.2%（刘刚和沈镭，2007）。同样以能源利用为例，相比而言，中国的生物质能利用率则较为低下。中国截至2010年年底，生物质能发电达550万千瓦，沼气年利用量190亿立方米，生物液体燃料200万吨，生物固体成型燃料100万吨，生物质能年利用量仅占全国一次能源消费量的不足1%（张晓红，2010）。当前，虽然中国《可再生能源中长期发展规划》确定的主要发展目标是，到2020年将中国生物质能的年利用量占一次能源消费量的比例提高到4%，但这一利用率仍和发达国家对农业秸秆资源的利用率之间存在较大的差距。当然这些差距将会造就巨大的发展动力，可以预见的是，随着中国经济和科学技术水平的发展及政策的不断支持，农作物秸秆的管理将会在农业秸秆资源的利用过程中扮演越来越重要的角色（Zhang et al，2008）。

虽然目前农业秸秆的利用技术较为多元（表1-5），但主要的利用途径仍局限于薪柴、生物碳、板材与造纸、菌棒和沼气等几种（Zhang et al，2008）。中国秸秆资源利用的特点在于：第一，不同作物秸秆资源的利用途径不同。2002年，中国稻草利用方式及其所占比例分别为肥料41.7%、饲料16.2%、燃料25.5%、工业原料5.6%、焚烧7.8%、弃置乱堆3.1%；其他各种秸秆利用方式及其比例为肥料36.6%、饲料22.6%、燃料23.7%、工业原料4.4%、焚烧6.6%、弃置乱堆6.1%（欧阳克蕙等，2010）。农业投入要素的50%左右转化为农作物秸秆，因此，农业秸秆资源的浪费，实质上是耕地、水资源和化肥等农业投入品的浪费。不同作物的秸秆，其所含营养成分不同，物理结构也不同，因此利用途径存在一定差异。由表 1-5 可见，西部地区玉米和小麦秸秆被用于多个领域且利用途径多元，但是燃料、饲料和焚烧仍然是目前秸秆资源处理的基本方式；在秸秆用于工业原料方面，小麦秸秆主要用于造纸工业，胡麻和荞麦秸秆主要用于麻纺工业；在秸秆用作饲料方面，荞麦、豆类、玉米、向日葵和小麦秸秆资源的 20%以上用于饲料。第二，不同省份和地区的秸秆利用方式存在差异。2007 年，中国农业秸秆综合利用率达到 40%～50%，其中山东、安徽、江苏等农业大省秸秆利用率较高（江国成和杨玉华，2010）。2009 年，西部七省区主要作物秸秆资源的用途主要是燃料（33.8%）、焚烧在地表（11.1%）、饲料（29.3%）、直接还田（13.5%）、废弃（5.3%）、工业原料（5.2%）、食用菌与蔬菜基质栽培（1.8%）；秸秆还田总量达 120 万吨，占秸秆资源养分总量的 50.5%（包建财等，2014）。2011 年，虽然安徽、江苏、陕西、河北、四川以及太原市秸秆主要利用方式都是以饲料（14.3%～53.26%）、肥料（22.8%～37%）、燃料（0.44%～53.6%）、工业原料（0.03%～2.7%）为主，但具体的比例差别较大（刘金鹏等，2011）。第三，秸秆焚烧屡禁不止，且秸秆焚烧的原因存在地区差异。山东、河南、江苏、河北、东北各省焚烧量最高（曹国良等，2006）；2002—2005 年 6 月，秸秆焚烧最严重的区域集中在淮河流域，特别是江苏北部、安徽北部、河南中部与南部、山东南部，这些区域秸秆焚烧面积分别占全国的 65.74%、40.24%、45.50%和 66.33%（何立明等，2007）。2013 年夏收和秋收期间，中国秸秆焚烧火点分别达到 4 664 和 3 214 个（国家发展改革委员会，2014），全国绝大多数省份都出现了秸秆焚烧火点，而秸秆焚烧产生的烟雾是雾霾的主要来源之一（孟晓艳等，2014；Jung and Kim，2011）。第四，秸秆能源化利用技术在各地区适用性有显著差异。沼气技术适用于经济比较发达的农村，主要用于户用能源；中国秸秆发电综合适宜度较高的省份和地区为河南、山东、安徽、江苏、河北、黑龙江、吉林等中部和东北传统农业区，陕西等西北农牧区的适宜度较低（侯刚等，2009）。欧美发达国家从耕地、播种到田间管理都实行严格的标准化作业，这为其秸秆机械化收集奠定了良好的基础，但其秸秆收集技术与设备在我国无法直接推广应用，对此，吕建强等（2013）从中国国情出发，设计了一种单独动力、大容量的压缩式农作物秸秆收集运输车。

表 1－5　西部七省主要作物秸秆利用途径及比例

（包建财等，2014）

单位：%

作物	饲料	燃料	直接还田	工业原料	基质	焚烧	废弃
玉米	29.3	29.8	12.7	2.2	4.4	20.2	1.4
小麦	25.5	16.8	11.8	21.2	2.6	20.7	1.5
豆类	40.3	59.7	0.0	0.0	0.0	0.0	0.0
薯类	12.8	39.8	32.8	0.0	0.0	7.1	7.5
胡麻	13.0	62.6	0.0	22.5	0.0	1.9	0.0
油料	13.3	71.2	2.3	0.0	0.0	12.6	0.6
大麦	9.2	7.7	11.0	0.0	0.0	72.2	0.0
荞麦	69.5	0.0	0.0	30.5	0.0	0.0	0.0
向日葵	30.8	69.2	0.0	0.0	0.0	0.0	0.0
棉花	14.6	19.8	52.1	0.0	0.0	13.5	0.0
区间	9.2～69.5	0.0～62.6	0.0～52.1	0.0～30.5	0.0～4.4	0.0～72.2	0.0～7.5

在秸秆还田方面，据美国农业部统计，美国每年生产的有机废物中70.4%为作物秸秆（4.5亿吨），且秸秆还田率为68%；英国的秸秆还田率也高达73%（张金水等，2008）。

高鹏等（2014）调查了汉中市秸秆利用采用的技术包括机械粉碎直接还田、堆沤腐解还田、秸秆生物反应堆技术、秸秆生产食用菌技术、秸秆发酵制沼气技术、秸秆工艺品编织技术，其中秸秆还田是主要的秸秆利用技术；还给出了汉中市各类主要作物的秸秆还田情况（表1－6）。由表1－6可见，汉中市不同作物的秸秆还田方式存在差异，水稻主要以翻压（36.43%）、覆盖（19.38%）和堆沤还田（21.71%）为主；小麦以堆沤（45.45%）、翻压（27.27%）和留高茬（13.64%）还田为主；玉米以堆沤还田（72.52%）、翻压还田（9.16%）和其他还田（15.27%）方式为主；其他作物以堆沤还田（50.78%）、翻压还田（17.19%）、覆盖还田（10.94%）和其他（19.53%）还田方式为主。

表 1-6　汉中市主要作物秸秆还田情况

（高鹏等，2014）

作物	还田方式	还田面积（万公顷）	还田量（千克/公顷）	总还田量（万吨）	百分比（%）
水稻	翻压还田	1.37	3 433.5	4.7	36.43
	覆盖还田	0.57	4 443.0	2.5	19.38
	留高茬还田	0.74	1 186.5	0.9	6.98
	堆沤还田	0.39	7 056.0	2.8	21.71
	腐熟剂处理还田	0.20	3 000.0	0.6	4.65
	其他	0.25	5 748.0	1.4	10.85
	小计	3.52	—	12.9	100.00
小麦	翻压还田	0.75	1 629.0	1.2	27.27
	覆盖还田	—	—	—	0.00
	留高茬还田	0.25	2 362.5	0.6	13.64
	堆沤还田	0.43	4 558.5	2.0	45.45
	腐熟剂处理还田	—	—	—	0.00
	其他	0.08	7 533.0	0.6	13.64
	小计	1.51	—	4.4	100.00
玉米	翻压还田	0.38	3 069.0	1.2	9.16
	覆盖还田	0.27	1 471.5	0.4	3.05
	留高茬还田	—	—	—	0.00
	堆沤还田	1.27	7 519.5	9.5	72.52
	腐熟剂处理还田	—	—	—	0.00
	其他	0.37	5 274.0	2.0	15.27
	小计	2.29	—	13.1	100.00
其他	翻压还田	0.90	2 407.5	2.2	17.19
	覆盖还田	0.25	5 647.5	1.4	10.94
	留高茬还田	0.15	1 306.5	0.2	1.56
	堆沤还田	1.42	4 564.5	6.5	50.78
	腐熟剂处理还田	—	—	—	0.00
	其他	0.19	13 138.5	2.5	19.53
	小计	2.91	—	12.8	100.00
总计		10.23	—	43.2	

1.3.4 国内外畜禽粪便利用现状的研究

国外畜禽粪便的利用现状方面。自20世纪50年代起，在发达国家兴起了集约化养殖，大量的农田施用畜禽粪便造成的磷流失，导致了严重的农业非点源污染。针对养殖业的污染现状，发达国家积极采取种养区域平衡一体化、限制大型农场建设等防治办法。已有研究介绍了美国畜牧养殖实现了高度的集约化、专业化和机械化的现状（何晓红和马月辉，2007）、畜禽养殖和饲料水污染现状（韩冬梅等，2013；Amy et al，2003；Khanal et al，2006）、畜禽粪肥还田的污染（Ritter，2001）以及美国政府的治理措施（刘炜，2008；Brian et al，2008；冯成洪等，2011；孙茜，2007）。针对欧洲的情况，有研究（沈跃，2005；孙丽欣等，2012；苏杨，2006）详细介绍了欧盟诸国，尤其是荷兰、英国的养殖场的污染现状与治理措施。另有研究者系统介绍了亚洲，尤其是日本的养殖场治污措施（陈梅雪等，2005；浙江省农业厅，2008），认为日本主要从法律法规、控制养殖规模、污水达标排放、加大财政投入等方面进行努力，取得了初步效果。总之，国际经验对中国的启示在于：要健全养殖业污染防治立法、按养殖规模进行分类管理、合理进行地区养殖规划、采用激励和奖励的手段、鼓励畜禽粪便资源化利用、加强畜禽污染的环境监测工作（韩冬梅等，2013）；畜禽养殖的规模并非越大越好，合理控制养殖规模，有利于减少畜禽粪便的污染负荷。此外，畜禽粪便也可以作为一种商品，在农业信息平台上进行推销，有利于畜禽粪便在各地区、各行业之间流动并被及时合理地进行无害化处理和资源化利用。

中国畜禽粪便的利用方面。在传统的散户养殖模式下，畜禽粪便产生较为分散，局部环境压力很小，几乎所有的中国畜禽粪便被作为肥料直接进行农田施用。但随着经济的发展和生活水平的提高，传统的散户养殖逐渐被高效的规模化集约养殖模式所替代，导致畜禽粪便大量集中产生，局部环境压力剧增，为快速有效地清除养殖场的畜禽粪便，中国当前的集约养殖场多采用水清粪（即用水冲洗的办法清除养殖场的粪便）的方式，导致大量畜禽粪便进入水体，随水体的流动进入江河湖泊甚至进入地下水体，造成了严重的环境污染问题（国家环境保护总局自然生态保护司，2002；农业部科技教育司等，2009）。虽然已有较多研究对畜禽养殖污染防治过程中存在的诸多问题进行了分析探讨，但这些问题错综复杂，涉及社会生活的诸多方面（吴根义等，2014）。一份在陕西等七个省份进行的调查研究（何可等，2014）发现，随着中国农村家庭的生产模式逐渐由“男耕女织”变为“男工女耕”，农业生产日益女性化、弱质化，农业生产决策逐渐由男性向女性倾斜，以食用菌产业为代表的农业废弃物基质化管理技术在自我雇佣型女性农民中的扩散难度较强。当前，虽然中国农业部门和环境保护部门已经针对中国的集约养殖场畜禽养殖粪便污染防治出台了专项政策及配套经费支持，但是目前所采用的有机肥和沼气技术仍对粪便的收集方式、当地的气候环境等有较高要求，对中国当前的集约养殖场多采用水清粪的处理方式仍需要进一步深入探讨（吴根义等，2014）。

贾玉（贾玉，2010）估算了 2006 年陕西农业废弃物的存量，并在此基础上分析了陕西省农业废弃物资源化利用的现状和效益。截至 2012 年年底，陕西关中三原县拥有秸秆综合利用机械量 3 882 台（套），小麦、玉米秸秆综合利用量分别为 41.1 万吨、76.9 万吨（蒙凯，2013）。西部七省秸秆利用途径及其比例为还田 32%、堆肥 4.1%、流失 20.9%、高效厌氧处理（沼气或 UASB（上流式厌氧污泥反应床））3%、基质养殖 1%；调查过程中发现，大多数养殖场仍存在处理设备落后，重视不够，管理不足等问题，导致堆肥效率低。其余处理方式如沼气、基质养殖等需要的技术条件较高，由于资金短缺，设备不足且缺少技术人员的培训，使得普及率较低（雷成等，2014）。

1.3.5 农业废弃物利用影响因素的分析

关于秸秆被弃置和焚烧的宏观原因，李豪（2013）认为，秸秆禁烧屡禁不止的原因在于劳动成本与自然条件的制约、技术瓶颈。关于农业废弃物为什么被“废弃”，有研究者（陈新锋，2001；李振宇和黄少安，2002）认为，在农业现代化过程中，传统的农业生产要素被工业部门所生产的农用生产要素所替代，于是，农作物秸秆和畜禽粪便等传统农业的生产要素沦落为农业废弃物。在经济发达地区的农村，焚烧秸秆和弃置畜禽粪便所造成的外部损害也更大（梅付春，2008）。微观原因方面。已有研究主要通过调查分析农户对农业废弃物进行资源化利用的意愿与行为及其影响因素，研究调查的地点包括济南市（朱启荣，2008）、苏皖两省（左正强，2011；钱忠好和崔红梅，2010；赵永清和唐步龙，2007；朱大威等，2011；黄武等，2012）、陕西关中地区（朱建春等，2011）、黄淮海平原（Holt et al，2012）。此外，张兴等（张兴等，2010）在云南西北地区基于 OLS 回归的实证结果表明，西部贫困地区农户家庭的秸秆和薪柴消耗具有刚性，不受经济收入等因素影响，节柴灶和沼气池对农户减少薪柴消耗的作用有限。因此，完全依靠技术手段减少秸秆的焚烧，是行不通的。近年来，社会资本对农业废弃物环境管理的影响受到关注。农业废弃物的环境污染治理问题，属于环境管理的主要内容之一。长期以来，政府命令、市场交易一直是各国政府治理环境问题的主要手段，但随着交易成本的提高和市场的失灵，人们开始寻找其他环境管理手段。于是，研究者们发现，社会资本作为一种管理自然资源与保护环境的手段，对包括农业废弃物管理在内的环境管理具有积极影响（赵雪雁，2010）。首先，社会资本促使人类集体行动、减少机会主义“搭便车”行为、提高人类应对环境突变的适应力，促进社会环境协调发展（Mark and Chris，2005；Jodha，1990；Jules，2003；Grootaert and Bastelaer，2004；Adger，2003；Rayner and Malone，2001）。其次，社区社会资本对于社区环境治理产生显著影响（周晔馨，2012；刘晓峰，2011；谢中起和缴爰超，2013；张俊哲和王春荣，2012）。陈勇等（2010）实证模型研究表明，单位耕地面积的禽畜粪尿的污染负荷总量与农村居民人均纯收入之间的倒“U”形和EKC关系不显著。

1.3.6 国内外农业废弃物利用技术及其综合效益研究

技术是农业废弃物资源化利用的必要工具。较多研究致力于对农业废弃物利用技术的开发、研究或介绍，同时，有研究对这些新技术在实际应用过程中的社会、经济和生态效益进行了评价。

秸秆能源化利用技术的综合效益。国内外已有研究分析了生物质能源化技术中的生物质直燃发电与供热技术、生物燃料技术两大类的技术进展、技术原理和技术的综合效益。其中生物燃料技术又包括沼气、生物乙醇、氢气和生物柴油等技术。秸秆生物质能可以作为柴油、煤炭等燃料的替代能源，既可以节约一次性能源，又能充分利用秸秆等农业废弃物，还是清洁能源，被誉为世界能源的未来。国内外众多学者们（陈健，2010；Fan et al，2014；Wang et al，2014；Liu et al，2009；Poeschl et al，2010；Harun et al，2014；王成等，2012；Lin et al，2014；Gonzalez－Garcia et al，2010；胡艳霞等，2009；丁晓雯等，2008；陈羚等，2010；楚莉莉等，2011；焦翔翔等，2011；覃国栋等，2011；Chen and Chen，2013；冯冲等，2012；Ng et al，2010；Su et al，2013；缪晓玲，2004）介绍了沼气的技术原理、技术进展、社会经济效益及发展的瓶颈等。国内众多研究（宋籽霖，2013；黄建伟和陈良正，2012；崔文文等，2013；颜丽等，2006；孙革，2009；万田平和齐宇，2013；翟慧娟等，2012；武深树等，2012；张月等，2013）表明，短期内施用沼肥对植物中重金属含量有明显的降低作用，相比于大型沼气，户用沼气更能减少农村面源污染，因为户用沼气成本低，无大气污染。

秸秆饲料化利用的综合效益。发展秸秆饲料技术，可减少规模化集约养殖场重金属添加剂、抗生素和兽药的使用量，提高畜产品品质，保证食品安全；有助于减少因畜禽粪便农田施用而引起的农田土壤重金属和抗生素等污染物输入量，从而改善土壤和水体环境质量；还能减少农业秸秆田间焚烧量，减少大气颗粒污染物和 PM2.5 的排放量（欧阳克蕙等，2010；刘金鹏等，2011；崔文文等，2013；Kashongwe et al，2014）。

畜禽粪便肥料化利用的综合效益。畜禽粪便是一种天然有机肥，其主要养分包括氮（N）、磷（P_2O_5）、钾（K_2O）、锌（Zn）、铜（Cu）等，可改善土壤结构，提高土壤肥力水平。作物秸秆主要由纤维素、木质素、淀粉等糖类有机物组成，还包含少量粗蛋白、粗脂肪以及钙、磷、钾等其他成分（刘金鹏等，2011；韩明鹏等，2010）。秸秆、畜禽粪便的肥料化利用主要由秸秆还田和堆肥两种方式。秸秆还田具有明显的粮食增产效果（周怀平等，2013；黄鹏等，2013；Yang et al，2014；吴菊香等，2013），有利于改良土壤与水土保持（Tu et al，2006；Doring et al，2005）、减少温室效应（Liu et al，2014；伍芬琳等，2008；勾长龙等，2013）。堆肥法是一种古老而现代的有机固体废弃物生物处理技术，实质上是有机物质稳定化和腐殖化的过程（Li，H et al，2012）。堆肥工艺可以分为好氧堆肥和厌氧堆肥两种。现代化堆肥工艺大都采用好氧堆肥系统，因为好氧堆肥处理方法成本低、无害化程度高、处理能力大、堆体温度高（50～65℃）、发酵周期短、有机物分解彻底，主要生产有机肥料，处理后的产品方便运输且适于农田施用（李荣华，2013；宋彩红等，2013）。在实际工程化堆肥中仍会遇到恶臭气味和气悬微粒的污染等问题。畜禽粪便中散发的气味气体由 121 种化合物组成，主要包括氨、胺化物、硫化物、挥发性脂肪酸、醇、醛、醚等（常志州等，2000）。目前主要采用物理和生物两种除臭法，物理除臭技术是向粪便中投放吸附剂，效果较好的吸附剂为沸石（Villaseñor et al，2011）、锯末、膨润土、秸秆、泥炭等（黄灿和李季，2006）。生物除臭法是向畜禽粪便中接种微生物作为生物除臭剂，是目前较为有效的方法（Tortosa，G et al，2012）。生物有机肥的施用具有改良土壤（鲍艳宇等，2012；李江涛等，2011），增加土壤活性（李森等，2013；Zhu，K et al，2014）、减少温室气体排放（万合锋等，2014；都韶婷等，2010）、降低作物病虫害率从而减少农户的农药、化肥施用量和投入费用（宋籽霖，2013）。

秸秆建筑材料利用技术的综合效益。传统的建筑材料耗费大量资源，在建筑过程中还排放大量的有害气体。中国每年大约需要 7 000 亿块红砖，毁坏良田 0.8 万公顷（刘金鹏等，2011）。在建筑物建筑过程中，会排放氟氯碳化物（CFC）、二氧化碳（CO_2）、甲烷（CH_4）、氧化亚氮（N_2O）等四种温室气体，其中二氧化碳的排放量占 99%以上（张培等，2013）。秸秆建材技术利用秸秆资源，缓解木材原料的压力，保护森林资源。2004 年中国已经成为世界人造板生产第一大国，2010 年，中国秸秆利用量约 5 亿吨，综合利用率达到 70.6%，作为人造板、造纸等工业原料量约 0.18 亿吨，仅占 2.6%（陈怡，2013），发展空间较大。但秸秆板材业面临与其他秸秆利用行业争夺原料以及原料来源不稳定的问题，原料的归集、运输、储藏（防火、防腐、防蛀）等辅助机械和设备等相关技术亟待加强（郑戈等，2006）。

秸秆生物质材料技术的综合效益。中国每年农用塑料薄膜使用量高达 150 万吨，由于无法降解而大部分残留于农田，破坏土壤结构，污染环境（刘金鹏等，2011）。生物质材料技术的优点在于来源广泛、可再生、成本低、可部分替代石油产品、可降解、无污染，受到广泛关注（Chander et al，2002）。秸秆可降解材料被用于开发制造成汽车内饰件（Suddell and Evans，2003）、自然风景保护区护栏（郭文静等，2008）、包装材料（Holt et al，2012）和化工原料（孙永明等，2005）。可降解生物质复合材料技术，以其来源广泛、可再生、成本低、可部分替代石油产品、可降解等优点，对减少全球白色污染、节约森林资源具有十分积极的意义。

1.3.7 国内外研究的启示与不足

已有研究为本研究提供了可借鉴的理论依据、研究方法和技术手段，其启示在于：

第一，已有研究分析了国内外秸秆与畜禽粪便的利用现状，也研发了秸秆与畜禽粪便资源化利用的相关技术，但受区域自然条件的影响，各地区农业废弃物的产量、结构存在显著差异，各类技术在各个地区的适应性并不具有普适性。因此，必须要摸清各省地区的农业废弃物资源特征，然后根据各省、地区自身的地理、气候、社会经济等条件，摸索适合本地区的农业废弃物资源化利用模式。

第二，目前，秸秆、畜禽粪便的能源化利用、肥料化利用、基料化利用等技术中，有的技术已经成熟，但其技术经济效益需要规模化才能体现。这就需要对农业废弃物进行规模化、专业化处理。

第三，已有研究对陕西部分地区的秸秆、畜禽粪便利用现状做了有价值的研究。涉及陕西农业废弃物的资源现状、污染现状、存在的问题及解决策略。为本研究提供了基础研究资料和方法上的借鉴。

国内外研究也存在不足之处：

第一，陕西省作为西部地区的农业大省，有自己独特的地理气候和社会经济条件。但目前已有的对陕西省农业废弃物利用方面的研究缺乏系统性，有必要从资源现状、污染风险、利用现状、存在的问题、影响因素等方面进行整体的系统研究。

第二，传统农业社会不存在“农业废弃物”这一说法，为什么当代陕西却出现了大量的农业废弃物，并且造成严重的农业面源污染问题？这需要通过传统社会与现代社会农业废弃物利用模式的比较，来解答这一问题。

第三，农业面源污染本质上属于社会问题，从环境社会学的视角去分析问题，有利于问题的解决和相关政策的制定。

第四，众多研究结果表明，不同地区的地理条件、农业气候、种植制度和经济发展水平不同，所以农作物秸秆产量存在显著差异。但究竟是自然因素的影响更显著，还是社会经济因素的影响更显著？这个问题尚未得到明确回答。

1.4 研究思路、方法与技术路线

1.4.1 研究思路

本研究的思路是，围绕着各个研究目的的实现，设计具体的研究方法。首先研究陕西省农业废弃物的资源现状、不合理利用的潜在污染风险，在此基础上，通过文献法和调查法，比较不同的利用模式的特点及发展趋势，并且从微观农户层面和宏观理论层面分析农业废弃物利用的影响因素与机制。最后，在前述研究的基础上，针对如何促进陕西农业废弃物的资源化利用，提出政策建议。

1.4.2 研究方法

与前述研究目的相应，各研究目的的具体研究方法如下。

目的1：了解陕西省农业废弃物的潜在污染风险。研究方法：

首先要摸清陕西省农业秸秆和畜禽粪便的产量及其时空分布特征，然后在此基础上分析调查陕西农业秸秆和畜禽粪便的潜在污染风险。主要运用文献法、统计分析法、地理信息系统分析法。

第一步，通过文献分析和专家咨询，筛选合适的秸秆系数和畜禽粪便产排污系数，接着运用统计分析法和地理信息系统分析法，借助 SPSS19.0 和 ARCVIEW3.0 软件，以相关统计年鉴数据为基础，估算与分析秸秆、畜禽粪便的产量及其时空分布特征。估算陕西省农业秸秆和畜禽粪便的产量、时空分布特征以及氮磷耕地负荷。

在调查的同时，到陕西范围内随机抽取的养殖场采取畜禽粪便样本，通过化学实验与仪器分析手段，测量其重金属含量，然后结合陕西统计年鉴上的耕地面积资料，计算陕西各市的土壤重金属污染风险。

第二步，综合上述研究结果及文献分析结果，分析秸秆和畜禽粪便的潜在污染风险及其对陕西社会经济的影响。

目的 2：了解农业废弃物利用的现状与存在的问题。研究方法与步骤：

通过比较传统农业社会和现代农业社会中各种农业废弃物利用模式，了解现代陕西农业废弃物的利用现状及成功利用模式，发现利用过程中存在的问题。主要运用文献法、社会调查法和统计分析法。

第一步，通过文献法，了解传统农业社会的传统小规模农业废弃物利用模式，总结其特点。

第二步，运用社会调查法和统计分析法，调查现代农业社会中的现代大规模农业废弃物利用模式和现代小规模农业废弃物利用模式的特点。

第三步，对前两步的结果进行比较分析，比较传统农业和现代农业生产方式下各种农业废弃物利用模式的特点、效率、效益及发展趋势。

第四步，总结与分析目前陕西农业废弃物利用存在的问题。

目的 3：探究农业废弃物利用的影响因素与机制。研究方法与步骤：

运用社会调查法、统计分析法和理论分析法。首先以农户作物秸秆资源化利用行为为例，通过实证调查数据构建二元 Logistic 模型（具体见第五章），探讨农户农业废弃物资源化利用行为的影响因素。在此基础上，尝试在理论层面讨论农业废物利用的影响因素与影响机制。

目的 4：针对如何促进陕西农业废弃物的资源化利用，提出政策建议。研究方法与步骤：

主要运用理论分析法。结合前几项研究结果，首先梳理与分析农业废弃物资源化利用的相关政策，最后，针对如何促进陕西农业废弃物的资源化利用，提出政策优化建议。

1.4.3 技术路线

具体技术路线如图 1-1 所示：

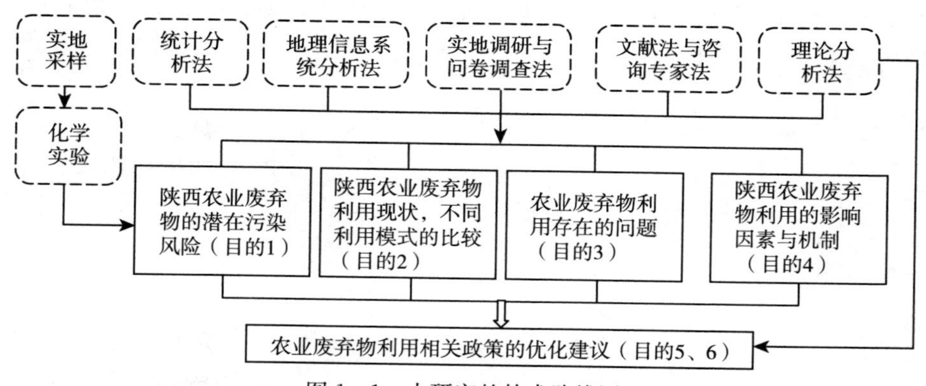

图 1-1 本研究的技术路线图

1.5 创新之处

第一，从环境社会学的视野研究农业废弃物资源化利用问题，利于探讨农业废弃物资源化利用问题的深层社会原因。环境社会学是一个综合性交叉学科，本研究在环境社会学的视角下，结合资源学、环境学等自然学科以及社会学、经济学等社会学科的相关理论，借用社会统计学、地理信息系统空间分析、技术经济学等工具，具有多学科交叉的综合视角。环境社会学已有研究中，对大气雾霾、水污染等危机性环境问题的研究比较多，但较少涉及农业废弃物的利用问题。事实上，农业废弃物不科学利用形成的环境污染问题已经构成了环境社会学对环境问题构建的基本条件，因此属于环境问题之一，应该得到环境社会学的重视和研究。

第二，从农业生产方式变迁的角度出发，比较传统农业生产方式与现代农业生产方式下不同农业废弃物利用模式之间的差异。这种历史动态的比较方法，比起只研究当代农业废弃物利用方式，更有助于发现传统农业废弃物利用模式对当代的启示以及当代农业废弃物利用模式的优势、存在的问题。这种古今比较法在对环境问题的研究方面具有可借鉴的意义，本研究为该方法提供了一个具体的研究案例。

第三，选择作为西部传统的农业大省的陕西省作为研究对象，对于同为干旱半干旱地区的西部地区，以及水热状况相似的中部邻省（如河南省等），在农业废弃物资源化利用方面都具有推广和借鉴的典型性。以代表着国家农业未来发展趋势的杨凌示范区（国家农业高新示范区）为例，分析农业循环经济产业示范园区的农业废弃物利用现状、问题、成功经验等，也具有非常典型的意义。

第二章　陕西农业废弃物非资源化利用的环境污染风险

目前对陕西省农作物秸秆的产量估算、区域分布特征和资源化利用状况探讨的研究仍较缺乏，有关陕西畜禽粪便的数量、分布及利用情况的研究也较为少见。为此，本章在文献分析、专家咨询、实地考察的基础上，以《陕西统计年鉴2010》数据、《中国畜牧业统计年鉴》数据和实地调查资料为研究对象，综合运用统计分析、地理信息系统和化学实验等研究手段，首先从时间、地域和种植结构等角度估算并分析了陕西农业废弃物的产量、来源结构和时空分布特征。然后在此基础上分析陕西农业废弃物的环境污染风险与利用潜力。

2.1　陕西作物秸秆的环境污染风险

2.1.1　数据来源与作物秸秆产量的估算

为了解陕西省农作物秸秆的产量，以《陕西统计年鉴2010》（陕西省统计局，2010），公布的数据为基础进行估算。该数据截止时间为2009年年底，该数据给出了1978年、1980年、1985年、1990—2009年各类作物的年度产量，其中统计的作物包括：夏粮、小麦、秋粮、稻谷、玉米、高粱、大豆、棉花、油料、油菜籽、花生、糖料、烟草。

根据农作物经济产量进行秸秆产量的估算时，秸秆系数法已被证明是一种较为科学合理的统计方法。所谓秸秆系数，是指作物秸秆产量与农作物经济产量之间的比值，也称草谷比。在作物经济产量和作物秸秆系数已知的前提下，可根据公式：$WS=WP \cdot SG$进行田间作物秸秆产量的估算。其中WS为农作物秸秆产量，WP为农作物经济产量，SG为秸秆系数。农作物田间秸秆产量的估算结果，主要决定于作物秸秆系数的取值。若同一作物秸秆系数的取值差异较大，则极有可能导致估算结果之间的可比性较差，从而无法明确实际田间作物秸秆产量。为此，谢光辉等（2011）对中国2006—2010年间，不同省份和地区种植的禾谷类和非禾谷类大田作物收获指数和秸秆系数进行了详尽的实地调查和统计分析，发现在全国范围内，不同地区所种植的同一种农作物秸秆，在时间和地点范围上不存在明显差异。并通过统计分析的方法确定了与田间实测数据相吻合的禾谷类和非禾谷类大田作物收获指数和秸秆系数。本研究在此基础上，通过分析比较，确定了陕西省农作物秸秆量的秸秆系数（表 2－1）。

在对小麦、稻谷、玉米、高粱、大豆、棉花、糖料和烟草秸秆量进行估算时，还估算了"其他谷类"和"其他油料作物"的秸秆量。"其他谷类产量"＝（夏粮产量－小麦产量）＋（秋粮产量－稻谷产量－玉米产量－大豆产量－高粱产量），"其他油料作物产量"＝油料作物产量－花生产量－油菜籽产量。由于《陕西统计年鉴 2010》中并没有明确给出薯类作物的具体产量，因此对其秸秆量不加以估算。此外，陕西省 2009 年田间农作物秸秆的时空分析，采用地理信息软件 ArcView3.3 进行。

表 2－1 各类作物的秸秆系数

作物种类	稻谷	小麦	玉米	其他谷类	豆类	烟草	棉花
秸秆系数	1.00（高利伟等，2009；曹国良等，2007；Bryan，B A et al，2011）	1.27（高利伟等，2009）	1.38（高利伟等，2009）	1.60（高利伟等，2009；曹国良等，2007）	1.60（高利伟等，2009；曹国良等，2007）	0.7（高利伟等，2009）	3.0（高利伟等，2009）

作物种类	花生	油菜籽	其他油料	糖料	麻类	高粱
秸秆系数	1.14（高利伟等，2009）	2.87（高利伟等，2009）	2.00（曹国良等，2007；Li et al，2005）	0.43（高利伟等，2009）	1.70（高利伟等，2009）	2.0（Li et al，2005）

2.1.2 陕西作物秸秆的产量、种植结构及来源结构

1978 年、1980 年、1985 年和 1990—2009 年间，陕西的秸秆资源量、种

植结构及秸秆组成见图 2－1。

要实现种植业和养殖业可持续发展、农村新型能源化和推进秸秆资源的综合利用战略，关键是对作物秸秆产量的科学估算。由图 2－1a 可见，从 1978—2009 年，陕西省农作物产量虽然不稳定且波动幅度较大，但总体上仍呈缓慢上升趋势，至 2009 年，达到 1 682.24 万吨，各年份平均值为 1 411.60 万吨。在 1978—1985 年、1990—1999 年、2000—2009 年三个阶段，田间秸秆产量的平均值（标准差）分别为 1 151.53 万吨（117.45 万吨）、1 458.14 万吨（170.69 万吨）和 1 443.08 万吨（106.36 万吨）。

这一研究结果和其他学者先后对中国部分省份的田间农作物秸秆量进行的估算结果之间存在一定差异。例如钟华平等（2003）经计算后得出 1998 年陕西省作物秸秆产量为 2 066.9 万吨，而本研究的估算结果为 1 755.00 万吨；汪海波和章瑞春（2007）估算了中国 2004 年的秸秆量，并按照秸秆结余量由多到少将全国省区划分为五个等级，并指出陕西省属于第四级范畴（2 000 万—3 000 万吨），而本研究计算得 2004 年陕西省作物秸秆产量为1 571.08万吨。造成这些估算结果之间存在差异的原因，主要是由于在进行估算时所选用的草谷比和统计数据之间的差异等。本研究所用统计数据中缺少薯类作物的产量，因此比实际秸秆产量要略低。此外，陕西省面上统计数据和各地区数据汇总值之间也存在一定差异，例如，本研究利用前者估算出 2009 年陕西省田间秸秆总量为 1 682.24 万吨，而利用后者估算结果则为1 519.76万吨。但这些估算结果均表明陕西省作物秸秆资源总量的绝对量较大，具有可观的综合利用前景。

图 2－1b 和表 2－2 显示了陕西省各类粮食作物秸秆量，陕西省各类粮食作物秸秆量及其占粮食类作物秸秆量比重的各年份平均值分别为：玉米 5 384 052.20吨（37.89％）、小麦 5 175 885.00 吨（36.72％）、其他谷类 2 144 603.58吨（15.33％）、稻谷 843 936.51 吨（6.03％）、高粱 143 151.81 吨（1.05％）、大豆 424 280.67 吨（2.97％）。陕西经济类作物秸秆的种植结构以油料作物和棉花为主。陕西省经济类作物秸秆产量的各年份平均值见图 2－1c 和表 2－2，其中油菜籽秸秆的产量及其占经济类作物秸秆量的比重较高且呈逐渐增加的趋势，例如从 1978 年的 11.51 吨（22.32％）增加到 2009 年的 102.26 吨（64.08％）。棉花秸秆产量仅次于油菜籽，位居第二，棉花秸秆产量及其所占比重由 1978 年的 34.26 吨（66.43％）下降至 1985 年的 13.98 吨（15.00％），至 1991 年回升至 29.22 吨（20.90％），此后呈下降趋势，至

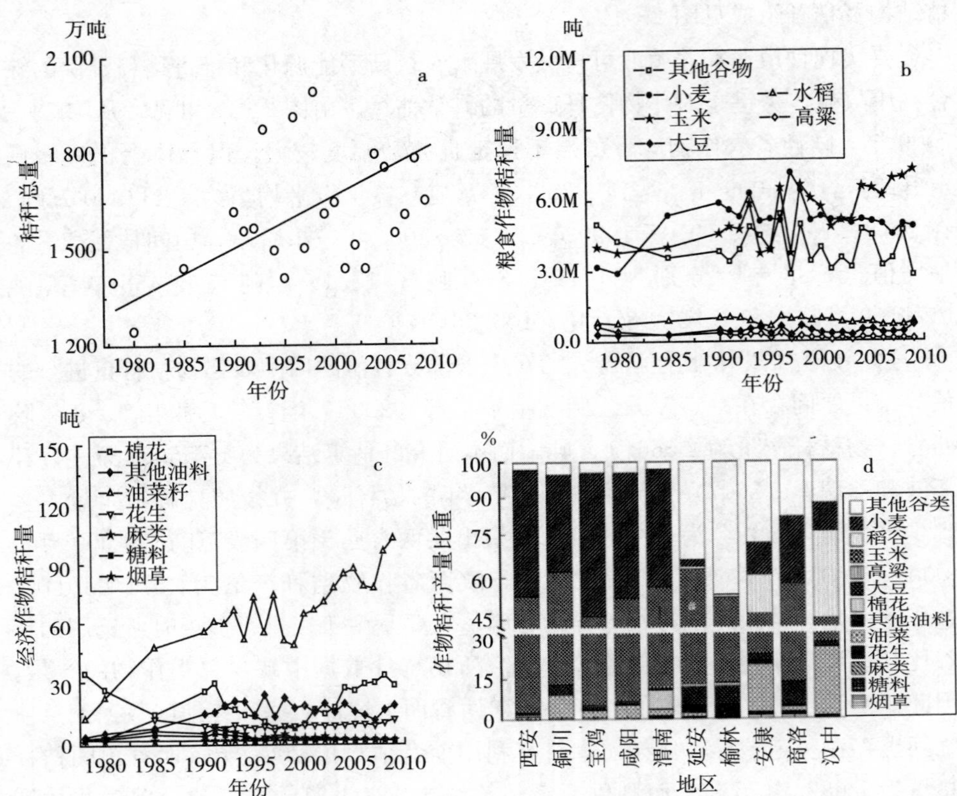

图 2-1　陕西省农作物秸秆量、种植结构及变化趋势和 2009 年农作物秸秆的组成

1999 年将下降至 6.34 吨（6.90%），随后又呈上升趋势，并在 2009 年稳定在 25 吨以上（17%以上）。而花生、麻类、糖料、烟草等经济作物的秸秆产量及其所占的比重基本保持稳定，各指标的平均值分别为：花生 7.51 吨（6.62%）、麻类 0.23 吨（0.27%）、糖料 1.33 吨（1.33%）、烟草 5.41 吨（4.82%）。由此可见，陕西省粮食类作物秸秆的种植结构以小麦、玉米和其他谷类为主，而稻谷、高粱、大豆等作物秸秆和经济作物秸秆对陕西秸秆资源的增长贡献不明显。

进一步对 2009 年陕西省各地区农作物秸秆的种类分布进行分析（图 2-1d）可见，陕北、关中和陕南地区农作物秸秆分布与该地区的种植结构存在密切关系。陕北地区作物秸秆主要来源于玉米和其他谷类，这两项占 60%以上。其中延安市各类作物量占该市秸秆总量的比例中玉米为 50.61%、其他谷类 21.29%；榆林市各类作物量占该市秸秆总量的比例为：玉米 40.57%、其

表 2-2　陕西省各地区各类作物的产量

单位：吨

地区	其他谷类	小麦	稻谷	玉米	高粱	大豆	棉花	其他油料	油菜籽	花生	麻类	糖料	烟草
全省	1 510 880.00	4 865 370.00	825 000.00	7 260 180.00	58 200.00	677 760.00	85 846	180 794.00	1 022 555.17	110 694.00	838.10	714.66	51 888.93
西安市	71 040.00	1 296 035.00	9 100.00	1 510 686.00	0.00	21 120.00	6 251	2 886.00	26 570.46	588.24	11.90	0.00	0.00
铜川市	14 560.00	116 205.00	100.00	172 362.00	0.00	12 000.00		102.00	27 709.85	0.00	0.00	0.00	1 263.80
宝鸡市	83 680.00	1 145 794.00	5 600.00	948 198.00	11 200.00	27 200.00	177	2 778.00	60 732.07	2.28	142.80	0.00	9 094.39
咸阳+杨凌	110 560.00	1 313 561.00	1 100.00	1 399 182.00	13 200.00	22 080.00	579	4 398.00	139 714.47	429.78	0.00	0.00	4 174.09
渭南市	92 480.00	1 479 804.00	0.00	1 671 732.00	1 000.00	26 080.00	75 932	9 600.00	75 056.24	39 552.30	0.00	0.00	696.51
延安市	402 080.00	28 194.00	10 700.00	597 264.00	15 600.00	73 920.00	483	27 716.00	14 878.08	4 560.00	13.60	0.00	3 797.08
汉中市	259 680.00	173 482.00	542 400.00	331 062.00	0.00	28 000.00	10	6 514.00	420 902.72	10 655.58	5.10	441.61	4 469.45
榆林市	1 108 960.00	3 302.00	20 500.00	973 728.00	30 800.00	145 760.00	77	99 654.00	0.00	17 207.16	212.50	16.77	0.00
安康市	421 280.00	165 481.00	203 300.00	367 908.00	400.00	33 440.00	51	21 710.00	242 015.62	15 310.20	357.00	256.28	17 288.50
商洛市	190 880.00	233 299.00	5 000.00	439 668.00	400.00	79 520.00	17	5 436.00	14 975.66	12 022.44	95.20	0.00	11 105.11

他谷类28.87%。关中地区种植结构较为单一，以小麦和玉米为主，比重之和达到85%以上。西安市各类作物量占该市秸秆总量的比例为：玉米43.16%、小麦43.83%；铜川市各类作物量占该市秸秆总量的比例为：玉米50.06%、小麦33.75%；宝鸡市各类作物量占该市秸秆总量的比例为：玉米41.32%、小麦49.93%；咸阳市各类作物量占该市秸秆总量的比例为：玉米46.48%、小麦43.64%；渭南市各类作物量占该市秸秆总量的比例为：玉米46.13%、小麦40.84%。陕南地区作物秸秆的主要来源是玉米、小麦、稻谷、其他谷类和油菜籽。其中汉中市和安康市的种植结构比较相似，稻谷和油菜籽产量高于商洛市，而后者玉米、小麦和大豆产量高于前者。汉中市各类作物量在该市秸秆总量中所占比重较大的主要作物为：稻谷（30.51%）、油菜籽（23.68%）、玉米（18.62%）、小麦9.76%、其他谷类9.13%。安康市各类作物量占该市秸秆总量的比例为：玉米（24.71%）、其他谷类（17.68%）、油菜籽（16.25%）、稻谷（13.65%）、小麦（11.11%）。商洛市各类作物量占该市秸秆总量的比重则以玉米（44.30%）、小麦（23.51%）和其他谷类（12.02%）为主。

2.1.3 2009年陕西省作物秸秆产量及空间分布

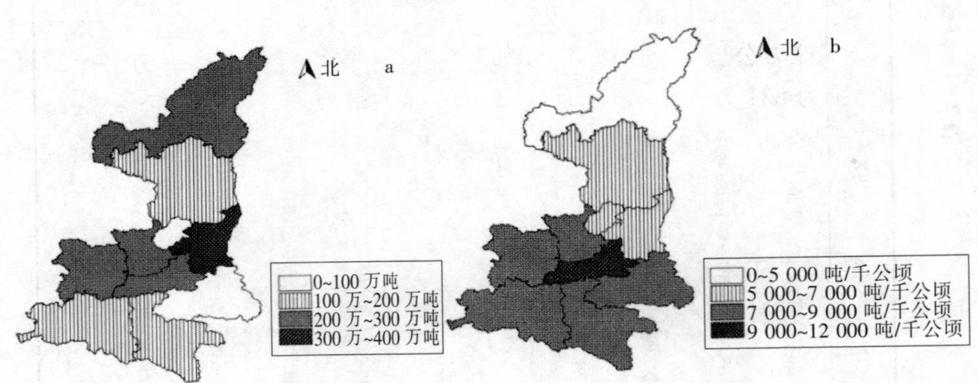

图2-2 2009年陕西省各地区作物秸秆总产量（a）和单位面积产量（b）的空间分布

图2-2a为各地区秸秆产量的空间分布图。从图2-2a可见，陕西省各地区秸秆产量分布呈现出不均衡性。高产地区主要分布在关中和陕北地区，产量在300万～400万吨的地区是渭南市（362.38）；产量在200万～300万吨之间的有西安市（295.68万吨）、咸阳市（293.31万吨）、宝鸡市（229.50万吨）和榆林市（240.04万吨）；产量在100万～200万吨之间的包括安康市

(148.89 万吨)、汉中市(177.76 万吨)和延安市(118.02 万吨);产量在 100 万吨以下的有商洛市(99.25 万吨)和铜川市(34.43 万吨)。图 2-2b 为各地区秸秆单位面积产量的空间分布图,从中可见,陕西省田间作物秸秆的单位耕地面积产量,全省平均为 6 370.93 吨/千公顷,高产区(≥9 000 吨/千公顷)主要分布在关中和陕南地区,按照产量由高到低依次为西安市(11 434.28 吨/千公顷)、汉中市(8 757.29 吨/千公顷)和安康市(7 661.71 吨/千公顷);中产区(7 000~9 000 吨/千公顷)包括商洛市(7 542.58 吨/千公顷)、宝鸡市(7 427.27 吨/千公顷)和渭南市(6 967.10 吨/千公顷);低产地区(≤7 000 吨/千公顷)包括延安市(5 054.05 吨/千公顷)、铜川市(5 500.04 吨/千公顷)、榆林市(4 185.77 吨/千公顷)和咸阳市(8 179.72 吨/千公顷)。可见,从地域角度来看,陕西省各地区田间作物秸秆的高产地区主要分布在关中和陕北地区,尤其是渭南市、西安市、咸阳市、宝鸡市和榆林市。陕西省田间作物秸秆的单位耕地面积产量比较高的地区则主要分布在关中和陕南地区,主要有西安市、汉中市和安康市。关中地区占有田间秸秆资源量绝对优势。

造成陕西省各地区农作物秸秆产量空间分布不均衡性的原因,主要是区域气候、地理条件、人口、耕地面积和作物种植结构、市场以及政策等方面的因素。西安市、宝鸡市、咸阳市、渭南市和榆林市的耕地面积分别为 25.859 万公顷、30.899 万公顷、36.483 万公顷、52.013 万公顷和 57.346 万公顷,常住人口分别为 831 万人、376 万人、500 万人、542 万人和 333 万人,除西安市作为省会城市,承受着大量农村人口涌入造成的巨大粮食压力外,其余城市的人均耕地面积均超过 0.073 公顷/人,粮食生产压力大因此作物种植结构以小麦等粮食作物为主,相应地秸秆总产量也较高。汉中市和安康市作物结构较为多元,稻谷、玉米、小麦、烟草、糖料等作物同时发展;同时,汉中市耕地面积 20.299 万公顷,常住人口 350 万人,安康市耕地面积 19.433 万公顷,常住人口 265 万人,这两个市人均耕地面积低于 0.072 公顷/人,为解决温饱问题,只能提高农作物的单位面积产量。李建平和上官周平(2011)的研究也发现,2009 年陕西省关中地区的富平县、武功县和凤翔县的小麦产量占粮食总产量的 56%,玉米占 42%,这与本研究的结果相似。此外,粮食种植政策、农户对粮食市场价格信息的掌握情况,都会影响粮食种植结构,进而影响区域内作物秸秆的组成结构。

2.1.4 秸秆大量焚烧的环境污染风险

据陕西气象局对秸秆焚烧的卫星遥感监测，2006 年以前，农忙时节关中平原地区存在比较普遍的秸秆焚烧现象，而陕南和陕北地区基本不存在就地焚烧现象。众多研究（王丽等，2008；汪海波等，2008；李豪，2013；黄武，2012）表明，中国经济较发达省份或地区的农户对作物秸秆的就地焚烧严重，本研究也证实了这一结论。在实地调查和访谈过程中发现，造就关中地区秸秆就地焚烧严重的客观原因，主要是陕西关中地区地处平原，作物种植量大，大片农田的秸秆基本能做到还田利用；但对于不适合机械化收割的农田，在农忙时节为了抢收抢种而采用就地焚烧的方式比较普遍。虽然自 2007 年三夏以来，在多部门的协力配合下，特别是陕西省农机系统加大农机向秸秆机械综合利用方面的补贴力度，使关中平原大面积秸秆焚烧现象基本杜绝，但在交通不便或者较为偏远的小田块中，就地焚烧秸秆现象仍偶有发生。2009 年关中地区的秸秆就地焚烧率仍高达 12.82%。由附件 3 发改委于 2013 年公布的《全国秸秆综合利用和焚烧情况表》可以看出，2012 年秸秆可收集量为 2 635 万吨，秸秆被利用量为 1 885 万吨，利用率达到 72%，但是 2013 年夏收和秋收期间，陕西秸秆焚烧火点数分别为 12 和 55 个，就是说，秸秆焚烧现象一直屡禁不止。

大量秸秆焚烧，造成了环境污染和经济损失。

首先，秸秆焚烧是雾霾的元凶之一。2013 年 1 月份我国遭受持续雾霾天气，多个城市大气环境质量达到六级重度污染。雾霾天气使得城市空气质量明显下降、人体健康受严重影响、交通安全事故频发。雾与霾是两种不同的自然天气现象。空气中浮游着的气溶胶粒子是形成雾、霾的主要原因。气溶胶粒子可分为一次气溶胶和二次气溶胶两类，其中二次气溶胶是雾霾时大气的主要成分（刘德军，2014）。而二次气溶胶的形成原因则主要有自然和社会两大原因。过去人类活动较弱时，空气中的气溶胶粒子主要源于自然过程，但近二三十年，社会因素越来越成为导致空气中二次气溶胶粒增加的主要因素（Jung and Kim，2011；Li et al，2010；吕效谱等，2013；唐艳冬等，2013；Wang et al，2011）。20 世纪 80 年代以后中国霾日明显增加，到 21 世纪，东部大部分地区均超过 100 天，其中，西安市是全国霾日排量在前 10 位的城市之一（吴兑等，2010）；霾日发生频率增加时，能见度从 1961 年的 4～10 千米减小到 2013 年的 2～4 千米（刘德军，2014）。西安市 1960—2012 年霾发生率高达 89.3%，雾霾时 PM2.5 和 TSP 的质量浓度都显著增加，主要污染组分为二次气溶胶离子 NH_4^+，NO^{-3} 和 SO_4^{2-}，而空气中的 K^+ 和 Cl^- 来自秸秆燃烧（韩月梅等，2009）。2013 年 1 月全国各地雾霾事件造成经济损失约 230 亿元，其中陕西的损失为 83 126 万元，主要来自高速封路和急诊/门诊成本（穆泉和张世秋，2013）。可见，秸秆焚烧成为雾霾形成的主要原因之一。

其次，秸秆焚烧造成交通事故、飞机延误、人类呼吸道疾病发病率增加等，相关报道较多。秸秆焚烧引起的大气污染已经严重危害到陕西大气环境，对陕西居民健康造成威胁，也增加了陕西的环境治理成本。

2.2　陕西畜禽粪便的环境污染风险

2.2.1　数据获取与方法

数据源于《陕西统计年鉴 2010》公布的全省统计资料，数据截止时间为 2009 年年底。该数据统计了 2005—2009 年牛（奶牛除外）、奶牛、马、驴、骡、猪、羊、家禽和兔等畜禽的存栏量。

畜禽粪便量和畜禽粪便氮、磷含量的计算方法。目前国内在由畜禽养殖量计算畜禽每年的粪便产生量时，主要有三种方法，一种是国家环保总局在计算粪便量时，将存栏量日排泄系数（单个动物每天排出粪便的数量）×饲养周期（国家环境保护总局自然生态保护司，2002），由此所得数据应该是畜禽一个饲养周期的粪便量，而不是一年的粪便量，故计算所得的粪便量偏小（张绪美等，2007）；而另一种计算方法是（畜禽出栏量＋年末存栏量）×日排泄系数×饲养周期来计算每年粪便量（刘培芳等，2002），该公式中年末存栏畜禽还未经历一个饲养周期，所以用此方法计算的粪便量偏大（张绪美等，2007）。张绪美等（张绪美等，2007）将猪、牛、羊和家禽的存栏量看作是当年中一个相对稳定的饲养量，在未考虑饲养周期的前提下，采用公式：畜禽粪便量＝存栏量×排泄系数 365（天），该方法虽然克服了前两种方法的弊端，但忽视了畜禽饲养周期的巨大差异。通过文献的比较分析与对专家的经验咨询，本研究认为，目前统计数据中对于畜禽的养殖数量，包括存栏量和出栏量数据，究竟是选择存栏量还是出栏量参与计算，应该根据畜禽的主要养殖用途来确定，肉用的畜禽应该选择其出栏量参与计算，而役用、蛋奶用和繁殖用途的畜禽，应该采用其存栏量进行计算。但由于《陕西统计年鉴 2010》中仅统计了牛（奶牛除外）、奶牛、马、驴、骡等大牲畜的存栏量，猪、羊、家禽和兔等畜禽也仅统计了存栏量，为此，猪的饲养周期应按照365天计算。结合数据本身的特点，慎重筛选了畜禽粪便排泄系数（表2-3）。

结合各类畜禽饲养周期的理论平均值与经验值，得到各类畜禽的粪便产生量计算公式：

畜禽粪便量=畜禽存栏量×年排泄系数

畜禽粪便氮含量=畜禽粪便量×鲜样氮含量系数

畜禽粪便磷含量=畜禽粪便量×鲜样磷含量系数

表2-3　畜禽粪便排泄系数和鲜样氮磷含量

畜禽种类	排泄系数	总氮含量	总磷含量
猪	5.3千克/天	0.238%	0.074%
役用牛	10.1吨/年	0.351%	0.082%
肉牛	7.7吨/年	0.351%	0.082%
奶牛	19.4吨/年	0.351%	0.082%
马	5.9吨/年	0.378%	0.077%
骡、驴	5.0吨/年	0.378%	0.077%
羊	0.87吨/年	1.014%	0.216%
肉鸡	0.10千克/天	1.032%	0.413%
蛋鸡	53.3千克/年	1.032%	0.413%
家禽*	26.25千克/年	0.275千克/年	0.115千克/年
兔	41.4千克/年	0.874%	0.297%

注：*数据来自（国家环境保护总局自然生态保护司，2002），其余数据源于（王方浩等，2006）。

第三，畜禽粪便氮、磷的环境负荷的估算方法。由于目前畜禽粪便的主要处理方式是作为有机肥还田。因此，计算畜禽粪便氮、磷的环境负荷时，以农田耕地面积作为实际负载面积。本研究采用《陕西统计年鉴2010》中公布的各地区常用耕地面积作为负载面积。畜禽粪便氮、磷的环境负荷的计算公式为：

畜禽粪便氮磷的环境负荷=畜禽粪便氮磷含量÷耕地面积

为了直观显示全国畜禽粪便污染负荷量的空间分布特征，利用ArcView3.3软件的空间分析功能，将陕西省2009年的畜禽粪便污染负荷量绘制成图，可得陕西省2009年主要的畜禽粪便量分布及各地区的粪便组成比例图。由于杨凌国家农业高新示范区的面积过小，因此按照地理区域，将其数据归并到咸阳市数据中加以计算。

第四，畜禽粪便重金属含量及污染风险评估方法。于 2010 年 7—9 月份对陕西省境内 11 个地区饲养量超过 1 000 头的规模化养猪场进行了调查，并随机采取了 64 家规模化养猪场的育肥猪粪便及相应的饲料样品，具体样本分布为西安市 5 个、宝鸡市 6 个、咸阳市 6 个、渭南市 4 个、铜川市 4 个、延安市 4 个、榆林市 7 个、汉中市 11 个、安康市 7 个、商洛市 6 个、杨凌示范区 4 个。将样品经过化学实验和化学分析测量，得到各样本重金属含量的数据，最后运用社会统计分析软件 SPSS 19.0 和国家环境保护总局自然生态保护司（国家环境保护总局自然生态保护司，2002）与张绪美等（2007）的畜禽粪便污染的估算办法进行分析评估。

2.2.2　陕西 2009 年主要畜禽粪便及氮磷量的主要来源

图 2-3 显示了陕西省 2005—2009 年主要畜禽粪便量变化、主要畜禽粪便的组成以及主要畜禽粪便氮磷的来源组成。

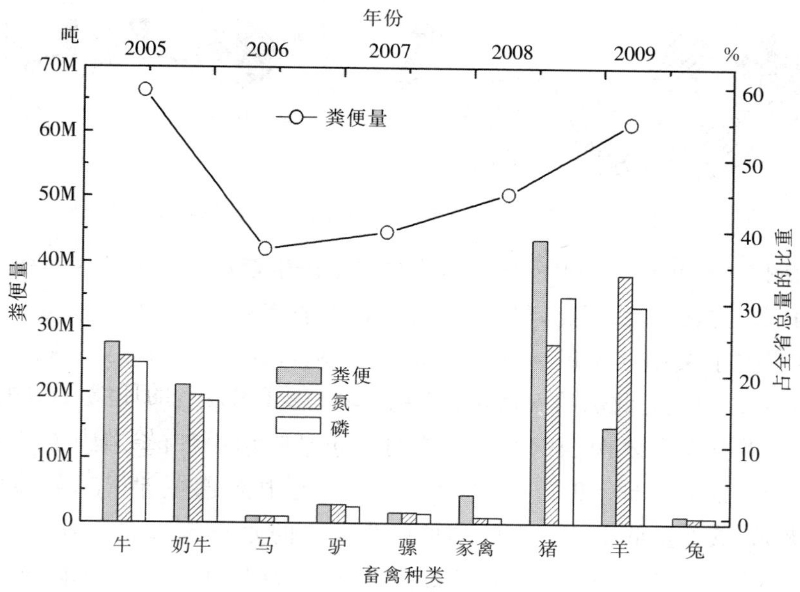

图 2-3　陕西省主要畜禽粪便量及其氮磷主要来源

由图 2-3 可见，2005 年陕西省畜禽粪便量为 6 657.408 万吨，到 2006 年降至 4 225.871 万吨，下降幅度较大，之后缓慢增长，至 2009 年增至 6 166.812万吨。2009 年陕西省畜禽粪便及其氮、磷量主要来源于牛

(24.6%)、奶牛（19.8%）、猪（37.4%）和羊（13.3%），合计占95.1%；畜禽粪便总的含氮量为24.007万吨，其中来自牛（22.2%）、奶牛（17.8%）、猪（22.9%）和羊（34.6%）粪便的合计占97.5%；总含磷量为5.867万吨，其主要来源仍旧是牛（21.2%）、奶牛（17.1%）、猪（29.1%）和羊（30.2%）的粪便。而诸如马、骡、驴、家禽和兔等畜禽，其粪便量和粪便的氮、磷含量都较少，所占比重均低于3%。

2.2.3 陕西2009年主要畜禽粪便的空间分布及其比重组成

陕西省2009年主要的畜禽粪便量分布及各地区的粪便组成比例情况如图2-4所示。

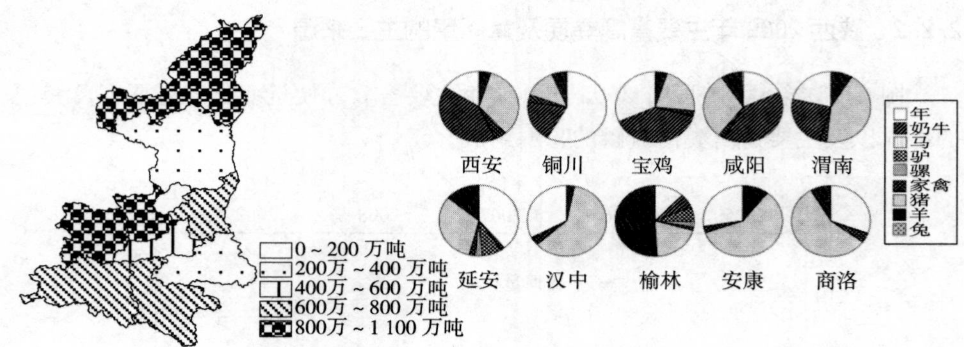

图2-4 陕西各市畜禽粪便产生量（万吨）及其各类粪便比重（%）

由图2-4可见，2009年陕西省畜禽粪便产生量比较高的地区主要集中于陕西西部，尤其是陕北北部和关中西部。陕西省畜禽粪便产生量超过800万吨的地区集中于关中西部的咸阳1 006.01万吨（16.3%）、宝鸡880.57万吨（14.3%）以及陕北北部的榆林845.99万吨（13.7%）；粪便量在600万～800万吨的主要分布于陕南西部和关中东部，包括陕南中部的安康692.16万吨（11.2%）、汉中760.19万吨（12.3%）和关中东部的渭南742.44万吨（12.0%）；粪便量低于600万吨的地区为关中的西安531.60万吨（8.6%）、铜川99.74万吨（1.6%），陕北的延安310.56万吨（5.0%）和陕南的商洛297.57万吨（4.8%）。

陕西省不同地区各类畜禽粪便比重状况有较大差异，其中粪便比重较大者即为威胁当地环境的主要畜禽种类。关中地区各市畜禽粪便的主要来源为肉用和奶用的牛、奶牛、猪和羊等牲畜，陕北地区畜禽粪便来源以役用的牛、驴和肉用的猪、羊为主，陕南地区则以役用的牛和食用的猪、羊为其畜禽粪便的主要来源。具体来说，牛粪便主要分布于关中的宝鸡（18.4%）、咸阳（12.1%）、渭南（10.5%），陕南的汉中（16.4%）、安康（12.5%）和商洛（6.0%），陕北的延安（7.9%）、榆林（6.8%），各市牛粪便量的比重，分别为西安15.9%、咸阳18.2%、渭南21.4%、汉中32.7%、榆林12.3%、安康牛27.4%。奶牛粪便量主要来自于关中地区的西安（17.8%）、宝鸡（28.1%）、咸阳（32.7%）、渭南（14.5%），其中奶牛粪便量在西安、宝鸡、咸阳和渭南地区畜禽粪便量中所占比重分别高达40.9%、39.0%、31.7%和23.9%。猪粪便量较高的地区为西安（7.7%）、宝鸡（8.3%）、咸阳（13.2%）、渭南（13.8%）、汉中（19.8%）、榆林（7.3%）、安康（17.7%）和商洛（7.3%），其中猪粪便量在各地区畜禽粪便量中所占比重分别为西安33.4%、宝鸡21.7%、咸阳30.4%、渭南42.9%、汉中60.2%、榆林19.9%、安康58.9%、商洛56.5%。羊粪便量主要来源于关中的咸阳（10.4%）、渭南（7.9%），陕北的榆林（52.4%）和陕南安康（9.0%），这四个城市羊粪便量所占比重分别为8.5%、8.7%、50.8%和10.6%。

2.2.4 陕西2009年畜禽粪便的氮磷耕地负荷及其污染风险

为确保畜禽粪便养分的合理施用，必须进行畜禽粪便对环境污染影响的评估。运用“单位耕地面积上畜禽粪便氮磷污染负荷量”这一量化指标，可以间接衡量当地畜禽养殖导致的污染状况（王方浩等，2006）。陕西省2009年主要畜禽粪便的氮磷耕地负荷如图2-5所示。

由图2-5可见，2009年陕西省粪便产生量比较多的地区，其氮耕地负荷也较多，比如陕北榆林（0.098），关中地区的咸阳（0.102）和宝鸡（0.100），陕南的汉中（0.110）和安康（0.123），其粪便量都介于0.08吨/公顷和0.18吨/公顷之间；其余各地区畜禽粪便的耕地负荷均低于0.008吨/公顷。各地区畜禽粪便的磷耕地负荷的分布情况与氮耕地负荷情况有一定差异，陕南的安康（0.032）和汉中市（0.030）是畜禽粪便磷负荷最高的地区，介于0.025吨/公顷和0.035吨/公顷之间，其次是关中的西安（0.017）、咸阳（0.025）、宝鸡（0.024），陕南的商洛（0.020）和陕北榆林（0.022），其畜禽粪便磷负荷介于0.015和0.025吨/公顷之间；其余地区均低于0.0 015吨/公顷。中国目前还没有单位面积耕地土壤的畜禽粪便氮、磷养分限量标准。中国2010年公布的中华人民共和国环境保护标准（HJ555-2010），即《化肥使用环境安全技术导则》建议，大面积化肥每季施氮量应该控制在0.150～0.180吨/公顷，也就是年施氮量不超过0.60～0.72吨/公顷，土壤的粪便年施磷量不能超过0.060吨/公顷，超过该水平就会引起环境污染。参考该标准，陕西省2009年各地区耕地的氮负荷总体上未达到引起环境污染的水平，但榆林、咸阳、宝鸡、汉中、安康等省市的耕地畜禽粪便氮磷负荷较高，有潜在的氮磷污染风险。

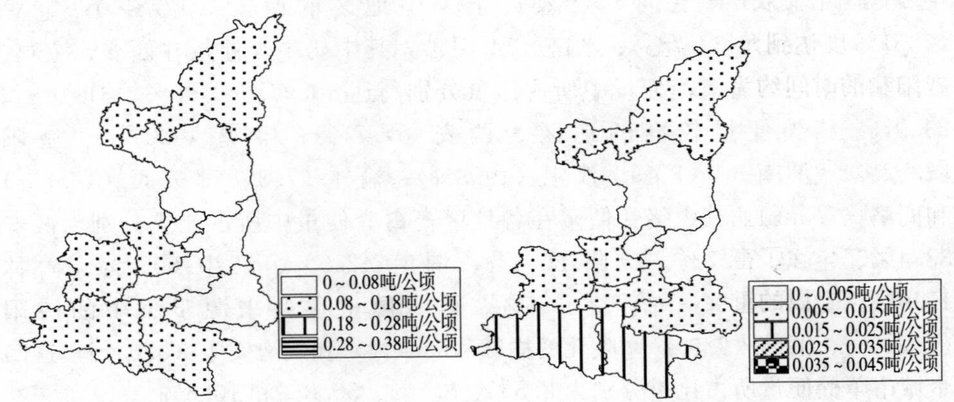

图2-5　2009年陕西各地区畜禽粪便氮（左）磷（右）耕地负荷　单位：吨/公顷

2.2.5　陕西规模化养殖场畜禽粪便的重金属含量及其污染风险

陕西省境内肉猪养殖场饲料中均含有一定的Cu、Zn、Cr、As、Ni、Pb和Cd，其平均含量分别在185.56～368.75、392.26～906.25、5.99～39.76、1.24～29.17、4.69～13.12、1.12～16.43和1.86～17.52毫克/千克之间，以Cu和Zn含量最高（表2-4）。中国在GB13078-2001以及NY/T 65-2004中规定，猪饲料中Cr、Cu、Zn、As、Cd和Pb的含量不应超过10、6、110、2、0.5和5毫克/千克，但陕西省境内的肉猪饲料重金属已经超出了国家标准中的浓度限值，其中Cr、Cu、Zn、As、Cd和Pb的最高超标倍数高达5.44、134.27、10.98、60.08、110.86和7.67。造成饲料重金属超标的原因，可能是由于在肉猪的饲养过程中缺乏科学指导，常根据饲养经验随意使用重金属添加剂（Xiong et al，2010），这一点也可以从表2-4中得到证明。陕西省养猪场猪粪中重金属的含量也是以Cu和Zn较高，猪粪中Cu、Zn、Cr、As、Ni、Pb和Cd的平均含量分别为248.21～1 003.82、483.17～1 620.62、10.32～63.79、0.93～28.37、5.60～22.13、2.55～14.88和1.71～16.64毫克/千克。此外，猪粪便中重金属要比饲料中相应的重金属含量高，说明了重金属在猪的生长代谢过程中有逐渐被富集的趋势（国家环保总局，1990；Li et al，2010；Mendoza et al，2010；Guerra－Rodriguez et al，2006）。

畜禽粪便重金属含量超标对陕西农业生产和日常生活带来了极大的威胁。

第一，含重金属猪粪施入农田后具有潜在的土壤重金属污染风险。见表2－5，若用土壤质量二级标准（B15 618－1995）进行估算，则安康、商洛和杨凌地区猪粪农田施用36.9～49.8年后便达到土壤Cu限值，杨凌地区的土壤Zn浓度达到允许限值的时间不足100年，整个陕西省的农田土壤Cd达到容许量的时间约为18.3～99.3年；即便在估算中采用土壤质量三级标准中Cd的容许量1.0毫克/千克进行估算，杨凌和咸阳地区农田Cd达到容许量的时间仍不足100年。陕西省农田土壤的重金属实际输入量可能更大，因为牛、羊、鸡鸭等养殖业的粪便中也有可能含有大量的重金属。

第二，除了畜禽粪便农用以外，污水灌溉、污泥农用、大气沉降等过程也是土壤重金属的重要来源（Luo et al，2009）。虽然农田中种植的农作物会对重金属有一定的吸收，从而能对土壤重金属的累积起到一定的缓解作用，但进入作物体内的重金属仍具有潜在的人体健康威胁，成为导致食品安全问题的重要原因。

第三，畜禽粪便含有丰富的有机质等养分外，还含有大量的Na^{+}、K^{+}、Mg^{2+}、$SO_4{}^{2-}$及Cl^{-}等盐类离子，畜禽粪便长期农田施用具有土壤盐渍化的风险（Moral et al，2008；Luo et al，2009）。陕西省是地处中国干旱半干旱地区的农业省份，降水量有限，土壤盐分的淋溶量要低于雨水充沛的南方地区，由于畜禽粪便农用引起的潜在土壤盐渍化风险更不容忽视。因此，仍需进一步研究中国畜禽养殖导致的土壤盐渍化问题，强化对畜禽饲料重金属添加量的控制和监管。

总之，陕西境内的规模化养殖场将是陕西畜禽粪便污染的重要来源，但小规模养殖场与散养农户是陕西畜禽粪便污染的另一潜在来源，也不容忽视。陕西畜禽养殖业污染治理和畜禽粪便生物质资源的利用，已经成为亟待解决的问题。

表 2-4　陕西省不同地区育肥猪饲料和猪粪重金属含量(括号内为均值)

(朱建春等,2013)

单位:毫克/千克

	地区	Cu	Zn	Cr	As	Ni	Pb	Cd
饲料中重金属含量	西安	92.76～376.23 (236.95)^{a}	283.18～788.36 (504.91)^{a}	8.83～48.53 (26.27)^{b}	0.15～28.93 (10.39)^{a}	2.69～18.18 (7.58)^{a}	1.68～11.53 (5.16)^{a}	1.71～55.43 (14.94)^{b}
	宝鸡	80.63～293.78 (185.56)^{a}	135.83～580.63 (392.26)^{a}	1.75～54.43 (29.02)^{b}	2.12～40.14 (20.50)^{b}	1.68～19.35 (13.05)^{b}	2.70～35.81 (16.43)^{b}	2.76～33.96 (14.94)^{b}
	咸阳	90.63～321.36 (194.48)^{a}	436.71～1 053.78 (906.25)^{b}	26.42～44.92 (39.76)^{b}	2.03～110.02 (29.17)^{b}	7.59～26.00 (12.03)^{b}	0.19～30.78 (14.54)^{b}	2.73～37.58 (17.52)^{b}
	渭南	133.29～400.23 (287.7)^{a}	376.34～847.60 (709.68)^{a}	1.49～48.88 (13.34)^{a}	0.07～6.87 (2.54)^{a}	1.10～10.85 (4.73)^{a}	0.06～3.91 (2.96)^{a}	0.07～3.04 (2.17)^{a}
	铜川	83.12～481.23 (301.34)^{a}	176.69～1 076.70 (531.36)^{a}	0.95～36.56 (37.83)^{b}	0.34～69.82 (10.79)^{a}	1.22～17.89 (4.69)^{a}	1.98～36.55 (8.12)^{b}	0.68～8.35 (3.94)^{a}
	延安	69.09～369.19 (233.38)^{a}	283.18～679.67 (423.04)^{a}	2.07～29.22 (26.85)^{b}	2.72～34.73 (11.90)^{a}	0.31～20.86 (10.12)^{b}	0.60～38.36 (7.14)^{b}	1.01～34.73 (14.34)^{b}
	榆林	61.08～400.11 (263.65)^{a}	190.69～1 161.21 (887.34)^{b}	3.80～26.42 (9.67)^{a}	0.15～10.97 (3.73)^{a}	0.33～20.31 (13.12)^{b}	0.01～19.67 (9.11)^{b}	2.70～10.97 (5.50)^{a}
	汉中	170.11～805.61 (368.75)^{a}	119.35～700.08 (454.30)^{a}	1.24～28.23 (10.15)^{a}	0.12～120.17 (19.94)^{b}	0.18～20.82 (8.12)^{b}	0.18～12.66 (3.95)^{a}	0.18～14.01 (3.52)^{a}
	安康	73.28～340.72 (212.21)^{a}	199.57～642.36 (438.32)^{a}	10.08～53.26 (35.09)^{b}	0.98～3.04 (2.71)^{a}	1.18～11.54 (7.61)^{a}	2.59～8.88 (3.58)^{a}	0.05～17.99 (4.99)^{a}
	商洛	79.98～387.16 (224.47)^{a}	365.67～781.50 (572.45)^{a}	3.06～41.28 (20.16)^{a}	0.03～3.97 (1.83)^{a}	1.68～20.03 (8.34)^{a}	0.28～2.71 (1.82)^{a}	0.27～2.88 (1.86)^{a}
	杨凌	38.33～400.67 (231.74)^{a}	289.93～1 208.19 (667.14)^{a}	2.18～8.22 (5.99)^{a}	0.15～2.73 (1.24)^{a}	2.05～20.28 (12.11)^{b}	0.17～6.94 (3.13)^{a}	1.18～7.23 (4.53)^{a}
猪粪中重金属含量	西安	283.18～1 070.77 (630.44)^{a}	557.87～1 070.77 (738.69)^{a}	16.57～115.53 (43.67)^{a}	0.13～28.08 (10.07)^{a}	0.68～18.18 (9.58)^{a}	2.69～25.36 (8.96)^{a}	2.19～50.19 (13.73)^{a}
	宝鸡	118.26～567.23 (296.51)^{b}	359.48～877.37 (568.57)^{a}	7.11～104.43 (59.05)^{a}	2.68～35.81 (18.03)^{a}	2.06～26.10 (14.95)^{b}	2.18～6.71 (18.04)^{b}	1.68～26.35 (12.22)^{a}
	咸阳	653.78～1 543.28 (1 003.82)^{c}	696.84～3 011.72 (1 620.62)^{b}	37.09～90.12 (63.79)^{b}	0.69～83.55 (28.37)^{b}	1.59～26.35 (22.13)^{c}	0.68～25.78 (6.08)^{c}	0.68～36.35 (16.64)^{b}
	渭南	138.88～1 018.76 (555.31)^{a}	573.81～1 618.76 (953.24)^{c}	13.23～47.60 (22.22)^{c}	0.06～6.71 (2.43)^{c}	2.01～10.85 (5.64)^{a}	0.05～35.81 (3.06)^{c}	0.08～2.81 (2.07)^{c}
	铜川	130.26～1 476.21 (631.74)^{a}	498.70～1 876.27 (796.75)^{c}	8.43～93.23 (37.84)^{c}	1.22～64.92 (10.21)^{a}	1.22～17.89 (5.60)^{a}	1.22～30.55 (5.03)^{c}	1.22～8.03 (3.66)^{c}
	延安	78.99～358.76 (248.21)^{b}	283.18～663.55 (483.17)^{a}	1.99～26.26 (12.30)^{d}	0.19～24.08 (7.20)^{a}	6.31～28.36 (17.12)^{b}	2.08～28.36 (9.54)^{a}	2.68～9.61 (5.11)^{c}
	榆林	270.09～1 066.27 (641.07)^{a}	189.78～1 106.61 (801.09)^{c}	3.80～60.52 (16.66)^{d}	0.12～117.01 (6.74)^{a}	0.66～27.11 (15.52)^{b}	0.06～9.61 (4.21)^{c}	0.15～12.60 (3.32)^{c}
	汉中	168.23～1 001.39 (416.62)^{b}	68.72～2 213.86 (942.02)^{c}	6.31～28.23 (10.32)^{d}	0.04～17.01 (6.14)^{a}	1.18～25.72 (8.62)^{a}	0.15～12.60 (3.65)^{c}	2.58～17.59 (4.84)^{c}
	安康	189.63～743.21 (400.85)^{b}	347.87～847.60 (617.20)^{a}	18.28～49.66 (33.35)^{c}	1.59～2.80 (2.56)^{c}	2.08～17.59 (8.21)^{a}	1.59～2.80 (2.56)^{c}	0.18～2.72 (1.91)^{c}
	商洛	167.77～651.37 (387.29)^{b}	353.47～781.50 (586.71)^{a}	5.34～39.00 (17.86)^{d}	0.08～35.92 (7.05)^{a}	0.68～25.02 (9.74)^{a}	0.18～7.81 (2.55)^{c}	0.94～6.91 (4.29)^{c}
	杨凌	208.19～1 100.63 (606.74)^{a}	595.22～2 208.19 (1 416.74)^{b}	3.05～28.13 (10.90)^{d}	0.07～2.73 (0.93)^{a}	2.05～24.28 (13.09)^{b}	0.79～9.75 (5.04)^{c}	0.08～10.03 (2.11)^{c}

注:同一列的不同字母表示,同一列数据中 a、b、c、d 组的均值之间在 $p < 0.01$ 下存在显著差异。

表 2-5　猪粪持续施入农田造成土壤重金属污染的使用年限估算

（朱建春等，2013）

地区	西安	宝鸡	咸阳	渭南	铜川	延安	榆林	汉中	安康	商洛	杨凌
Cu	235.9	1 024.9	115.7	155.4	183.0	472.9	114.2	414.9	49.8	77.3	26.5
Zn	590.6	1 568.1	210.2	265.6	425.6	712.8	143.5	537.6	147.6	233.1	97
Cr	8 123.2	13 928	4 343.1	9 264.2	7 286.2	22 766.8	15 160.6	39 903.8	3 922.6	10 991.4	6 694.8
As	2 611.5	2 980.8	723.9	6 279.9	2001.9	2 883.3	13 172.7	4 972.1	7 876.3	4 291.8	1 027
Ni	6 161.7	8 069.0	2 083.2	6 073.3	8 192.5	2 721.8	2 100.7	7 949.5	951.8	1 203.9	429.3
Cd	28.4 (124.8)	71.0 (312.2)	18.3 (80.5)	99.3 (470.5)	82.8 (364.0)	60.2 (264.8)	86.0 (378.4)	93.5 (411.1)	84.0 (206.4)	50.3 (123.5)	36.9 (90.6)

注：括号中的数据采用土壤质量三级标准(B15618－1995）估算，其余数据采用土壤质量二级标准(B15618－1995）估算。

第三章　陕西农业废弃物的利用模式

对秸秆、畜禽粪便等农业废弃物的利用，具有悠久的历史，在中国古代传统农业社会，不存在“农业废弃物”这一说法，农业废弃物都得到了充分的再循环利用。为什么当代社会农业废弃物的污染问题日益严重，以至于需要政府强制或者引导社会进行农业废弃物的资源化利用？为了回答这个问题，本章综合运用文献法、社会调查法和统计分析法，将传统小规模农业生产方式、当代小规模农业生产方式和当代规模化农业生产方式下陕西农业废弃物利用模式的特点、利用效率和利用效益等方面进行比较研究，以期总结传统农业社会小规模生产方式下农业废弃物利用对当代的启示，并寻找当代规模化生产方式下农业废弃物利用模式的利用现状、典型的利用模式以及存在的问题。

农业废弃物利用模式，要受制于农业废弃物的产量，而农业废弃物的产量则受农作物种植和畜禽养殖业的特点影响。传统农业与现代农业有着极为不同的生产特征，因而也必然有着极为不同的农业废弃物利用模式。王思明（王思明，2014）列出了传统与现代农业的特征（表3-1），按照农业生产方式和农业废弃物的利用规模，可将农业废弃物的利用模式划分为三类：传统农业生产方式下，农业废弃物的利用模式就是传统小规模农业废弃物利用模式、现代农业生产方式下，农业废弃物利用模式包括现代小规模农业废弃物利用模式和现代大规模农业废弃物利用模式两种。

表3-1　传统农业与现代农业的特征

特　征	传统农业	现代农业
主要投入	土地、劳动	资本
农业劳动力	人力、畜力	机器
肥料来源	粪肥、绿肥	化学肥料
病虫防治	农业防除、生物防治	杀虫药剂
商业性投入比重	0～30%	30%～90%
农产品消费	自给自足、自产自销	商业生产、投放市场
农业废弃物利用模式	传统小规模农业废弃物利用模式	现代小规模农业废弃物利用模式、现代大规模农业废弃物利用模式

本章通过文献研究与调查研究，分析和比较了传统小规模、现代小规模和现代大规模三种农业废弃物利用模式的特征。

3.1　调查内容与样本情况介绍

2009—2014 年的 6 年间，中国城镇化进程仍旧快速前进，农业高新技术不断转化为农业生产力，农村人口流动加快，这一切使得农业生产方式发生了快速的转变，农业种植结构、农业生产要素结构都随之发生了巨大变化。受此影响，农业废弃物的生产方式、利用方式也会发生改变。为了把握不同年份小规模生产方式下陕西省农业废弃物利用模式的变化，本研究于 2009 年、2011 年和 2014 年，分别针对农户做了问卷调查。以了解陕西农户对农业废弃物的利用现状及发展趋势。2009 年做了陕西省全省范围的抽样调查，发现不同地区农户农业废弃物利用方面的同质性较强，且陕北与陕南的农业废弃物利用方式较为类似。于是在 2011 年和 2014 年又分别在陕南地区的汉中和关中地区的杨凌示范区做了典型调查。调查时间、地点、内容及样本分布情况如下：

第一，2009 年全省调查（以下简称“2009 调查”）。

于 2009 年，在关中地区（西安市长安区、灞桥区、户县、富平县和杨凌示范区等）、陕北地区（志丹县、安塞县、吴旗县、子长县）和陕南地区（洛南县、略阳县、汉中市城固区、镇巴县）分别发放问卷 400 份、300 份和 300 份，三个地区有效回收率均超过 85%。调查内容为农户对作物秸秆和畜禽粪便的利用现状，以及对农业废弃物的资源化利用意愿。

第二，2011 年陕南汉中市调查（以下简称“2011 调查”）。

于 2011 年在陕南汉中市的汉台区雷家巷村、城固县余观村、黄沙村、洋县张赵村、张左村、南郑县郊区、西乡县二里村，共发放调查问卷 300 份，问卷有效回收率为 89.3%。调查内容为农户对作物秸秆以及户用沼气的利用现状。由于汉中市农户的畜禽粪便主要用于沼气，且畜禽粪便是沼气的主要原料，因此对户用沼气利用情况的调查，就是对农户畜禽粪便利用情况的调查。样本分布情况：户主文化程度为文盲 47.0%，小学 48.5%，初中 1.5%，高中及以上 3.0%；15.7%的被访者家庭中有干部；家庭所在地区在城中村的占 98.5%，在农村的占 1.5%；农业收入占家庭总收入的百分比为 25%以下、25%～49%、50%～75%、75%以上的分别占 28.5%、21.5%、32.3%、17.7%；打工收入占家庭总收入的百分比为 25%以下、25%～49%、50%～

75%、75%以上的分别占 39.1%、24.3%、22.6%、13.9%。91.3%的被访者家中养殖有一定数量的畜禽。户主的年龄在 35 岁及以下的占 8.9%、36～45 岁的占 13.0%、46～55 岁的占 45.5%、56 岁或以上的占 32.5%。家庭主要决策人为女性、男性和男女共同决策的分别占 15.7%、69.8%和 14.5%。

第三，2014 年关中杨凌示范区调查（以下简称“2014 调查”）。

于 2014 年在杨凌示范区的杨凌五泉镇、李台乡、杨村乡、大寨乡、揉谷镇等各村进行了调查。主要调查一般农户、规模化养殖场、农业废弃物利用相关企业（包括杨凌示范区之外的几家企业）的农业废弃物利用方式。

（1）一般农户样本分布特征

被访对象分布于五泉镇 20.0%、李台乡 5.5%、杨村乡 17.3%、大寨乡 39.1%和揉谷镇 18.2%；年龄为 20～30 岁、30～40 岁、40～50 岁、50～60 岁、60～70 岁以及 70 岁以上的分别占 7.3%、6.4%、17.3%、28.2%、30.0%、和 10.9%；男性占 50%，女性 50%；文化程度为文盲 23.6%、小学及以下 23.6%、初中 41.8%、高中及以上 10.9%；家庭所在地为城中村 1.8%、城郊 0.9%、农村 97.3%；农户非农收入所占比例较高，农业收入占家庭总收入的比重在 0～85%之间，平均为 12.05%，标准差为 21.07%。

（2）养殖场样本分布特征

分为被调查者情况和养殖场基本情况两个方面。

养殖场被调查者情况。被调查者年龄介于 23～60 岁之间，其中“20～30 岁”、“30～40 岁”、“40～50 岁”以及“50～60 岁”的分别占 16.7%、5.6%、44.4%和 33.3%；“男性”占 88.9%，“女性”11.1%。文化程度为“小学及以下”11.1%、“初中”27.8%、“高中或高职”38.9%、“大专”16.7%、“本科及以上”5.6%。83.3%的人是“本地户口”，仅有 16.7%的人“不是本地户口”。养殖场主在建立养殖场之前的工作为“养殖业从业者”33.3%、“农民”27.8%、“水电维修工”5.6%、“饲料推销员”5.6%、“种植果树”5.6%、“打工”11.1%、“军人”5.6%、“公务员”5.6%。

表 3-2 被调查养殖场的基本情况

养殖场所在地	养殖场名称	建立年份	养殖种类	养殖规模（万头/万只）	场地来源	劳动力总人数（雇工人数）	是否有专业技术员	主要资金来源
揉谷镇	XN 萨尔羊原种场	2009	羊	0.06	租学校的地	10（7）	有	科研经费

（续）

养殖场所在地	养殖场名称	建立年份	养殖种类	养殖规模（万头/万只）	场地来源	劳动力总人数（雇工人数）	是否有专业技术员	主要资金来源
揉谷镇	XN 三站养猪教学实验区	2009	猪	0.1	租学校的地	6（4）	有	科研经费
	杨凌揉谷 DF 养殖场	2006	猪	0.3	租乡镇村地皮	5（3）	没有	自己
	BL 养殖场	2000	猪/蛋鸡	0.03/0.35	租乡镇村地皮	3（0）	没有	自己
	TX 村养殖场	2009	蛋鸡	0.3	自家地皮	2（0）	有	自己
	FF 村养殖场	2014	鹅	0.1	自家地皮	4（0）	没有	自己
李台乡	杨凌 KY 生物工程有限公司	2000	肉牛/羊	0.12/0.08	租乡镇村地皮	56（56）	有	民间借贷
五泉镇	杨凌生猪标准化养殖实训基地（BX 集团）	2010	猪	11	政府批的地	76（76）	有	政府；合资
	杨凌 XK 养殖有限公司	2008	猪/羊	0.01/0.065	租乡镇村地皮	3（2）	有	自己
	TJ 养殖小区	2001	奶牛	0.002	租乡镇村地皮	5（1）	有	自己
	TJ 良种奶牛繁育中心	2003	奶牛	0.05	租乡镇村地皮	26（26）	有	政府
	陕西 QC 牛业有限公司	2009	肉牛	0.42	租乡镇村地皮	17（11）	有	政府
大寨乡	JJZ 养殖小区	2010	羊	0.032	租私人地皮	2（0）	有	自己
	陕西杨凌 JL 禽业有限公司	2012	蛋鸡	1.5	租私人地皮	10（10）	有	自己
	杨凌 AY 良种奶牛养殖场	2011	奶牛	0.057	政府批的地	24（24）	有	向亲友借
	LZ 村养殖场	2006	猪	0.021	租乡镇村地皮	3（0）	有	自己
	CDG 村养牛场	2009	奶牛	0.012	租乡镇村地皮	5（2）	没有	银行贷款
	CDG 村养羊场	2009	羊	0.007	租私人地皮	2（0）	有	自己

被调查养殖场的基本情况。如表 3－2 所示，被调查的养殖场，其建立年份介于 2000—2014 年之间；50%的场地来源于“租乡镇/村里的地皮”；养殖场的劳动力主要来源于雇工（61.1%）和家人（38.9%），其中雇工的月工资介于 1 200～3 500 元之间，平均 1 247 元；77.8%的养殖场聘有技术员，技术员的月工资介于 1 800～4 800 元之间，平均 2 450 元，主要从事防疫、饲养、配种、育种、饲料、畜禽粪便等工作，具有农艺、畜牧兽医、环境科学等学科

背景；资金的主要来源是自己（55.6%）、政府（11.1%）、科研经费（11.1%），其他方式比如向亲友借、与企业合资、民间借贷及银行贷款等所占比例均为5.6%；养殖种类包括奶牛（22.2%）、肉牛（5.6%）、猪（27.8%）、羊（16.7%）、蛋鸡（11.1%）、鸭鹅（5.6%）、奶牛和肉牛（5.6%）、猪和羊（5.6%）。养殖规模介于0.002万～1.5万头（只）之间，平均为23.02万头（只）。年存栏量介于0.002万～11万头（只）之间，平均为0.77万（只），年出栏量介于0～210万头（只）之间，平均为12.34万头（只），产品去向主要是本地，也有部分销往本省内和全国各地。总成本介于10万～40 000万之间，平均为76.07万元，其中，饲料成本1万～10 000万元之间，平均为1 163.69万元，育种成本为0～42万元，平均13.79万元，基本建设费用介于0～80万元之间，平均9.66万元，防疫成本介于0.2万～180万元之间，平均22.68万元，畜禽粪便处理成本介于0～200万元之间，平均为22.44万元，产品毛利润介于0～20 000万元之间，平均为193.64万元。产品去向主要是本地（44.4%）、本省内（16.7%）、外省（27.8%）、全国各地（11.1%）。产品销售方式为自己到居民区销售（11.1%）、固定收货商（33.3%）、合同协议收货单位（27.8%）、不固定收货商（27.8%）。在调查中了解到，一般养殖场建立之初，不能盈利，所以许多养殖场的利润为负值。

（3）被调研的农业废弃物利用相关企业的基本情况

农业废弃物资源化利用相关企业指的是生产过程中以秸秆或畜禽粪便为主要生产原料的企业。这些企业的发展，将会解决规模化农业生产过程中产生的大量农业废弃物，实现可再生生物质资源的循环利用。走访了一些农业废弃物资源化利用相关企业或合作社，以了解农业废弃物资源化利用产业的发展现状与前景，从而了解农业废弃物资源化利用产业化的可持续性。被访企业包括（企业名称部分用字母代替）：NO.1杨凌LK生态工程有限公司、NO.2陕西省GSLZ苗木繁育中心、NO.3杨凌THY果蔬专业合作社、NO.4杨凌PC生物技术有限公司、NO.5杨凌TH生物科技有限公司、NO.6杨凌KN菌业有限公司、NO.7汉中TL科贸有限责任公司、NO.8咸阳RY生物科技有限公司、NO.9商南RH生态肥业有限公司、NO.10杨凌WQ农业企业孵化园。

本章调查数据的收集主要采用问卷调查和深度访谈法，对被访对象进行随机抽样，发放调查问卷，回收调查问卷。接着对问卷进行编码、录入，形成统计数据。数据的分析方面，运用19.0版本社会统计分析软件SPSS的统计分析功能进行统计分析。主要涉及的统计分析方法为统计描述，统计推论法，其中多选题采用多重二分法进行编码。

3.2 传统小规模农业废弃物利用模式

3.2.1 传统小规模作物秸秆利用模式

陕西的陕南、关中和陕北三个地区种植、养殖结构不同，因此农业废弃物来源结构不同，这种状况有着深厚的历史原因。自古，陕南、关中和陕北就是农业发展不平衡的地方，即呈现“梯度”状态，具体表现为：由于地理环境的不同，陕南、关中和陕北分别形成稻作、旱作和农牧交错三种不同的农业地理分区；在农业技术与农业种植结构方面，秦汉时期的关中是汉族聚居的农业社会，秦汉隋唐在此建都，这些王朝都注重京畿农业的发展，倡导精耕细作，因此农业技术和农业种植结构方面处于领先地位，特别是小麦种植技术较为领先（樊志民，1992）。而陕南与陕北是少数民族聚居区，农业技术落后，后来在汉民族的同化下，开始学习农业技术，农业技术得到一定程度的进步（樊志民，1992）。所以，自古以来，粮食生产一直是关中地区的传统支柱产业，关中地区百姓都有根深蒂固的以粮食种植为主的思想观念；清代，由于康熙、雍正、乾隆、嘉庆年间人口急剧增长，关中百姓愈加重视粮食种植，粮食作物由 1 年 1 熟制发展成 2 年 3 熟制，使得土地利用率比以前提高了 50%（刘媛和樊志民，2013）。汉唐时期引进并推广了冬小麦（宿麦）、苜蓿，从根本上改变了黄河流域的农作制度，提高了复种指数，增加了粮食产量；清代引入了玉米，因为玉米耐旱、存活率高、见效快且产量高，深受陕西关中百姓欢迎，玉米种植范围也很广（刘媛和樊志民，2013；樊志民，2008）。可见，中国传统农业社会中，小麦、玉米等主要粮食作物的种植面积都比较广泛，因此成为北方农业秸秆的主要来源。从表 3-3 还可以看出，小麦和玉米也是江南农业秸秆的主要来源，此外，油菜、豆类和棉花也是古代中国江南地区农业秸秆的构成来源。

表 3-3 明清时期江南各类作物的肥料需求

（李伯重，1999）

作物种类	朝代	亩*施肥量（担/亩）	种植面积（万亩）	用肥总量（万担）	占用肥总量的百分比（%）
水稻	明末	0.8	4 240	3 392	81
	清中	1.5	4 040	6 060	77

* 亩为非法定计量单位，15 亩=1 公顷。——编者注

（续）

作物种类	朝代	亩施肥量（担/亩）	种植面积（万亩）	用肥总量（万担）	占用肥总量的百分比（%）
桑树	明末	5.0	70	350	8
	清中	5.0	150	750	9
棉花	明末	1.3	190	247	6
	清中	1.7	310	527	7
麦	明末	0.1	1 260	126	3
	清中	0.2	2 210	442	6
油菜	明末	0.2	180	36	1
	清中	0.2	320	64	1
豆	明末	0.1	360	36	1
	清中	0.1	630	63	1

注：表中内容是将文献中两个表整合而成；文献中粪肥的计算方法是：若以一担肥等于 5 千克豆饼（饼肥），则中下农的施肥量为水稻 40 千克饼肥/亩、一个桑园 250 千克饼肥、麦 10 千克/亩、稻 80 千克饼肥/亩，种植棉花、豆、粟和高粱每亩用肥量为种稻的 1.5 倍。

古代社会，农业秸秆完全被利用，不存在“农业废弃物”。利用方式主要是做农家炊事燃料，还有少量用于盖房补房，根本不够用作农业和工业生产能源，即便明清时期，秸秆产量较多，但人口也多，所以人均秸秆量较少，仍仅够炊事使用（李伯重，1984）。古代农民对草木灰的再利用也有个认识过程，一开始居民“弃灰于道”导致邻里之间的纠纷，后来才逐渐认识到草木灰的各种用途，包括利草木灰改良土壤土质；还田做肥料（贯穿于产前土地整理、播种和生长期管理三个生产环节）；保水抗旱；种子的选择储存和播种前处理；提高作物产量和适应环境；作物防虫除虫（利用草木灰的强碱性）；养蚕；食品加工（干果、粽子、果脯、米粉、酿酒、制糖、腌菜等）；染色漂白；造纸；美容；解毒；增加药性；补充微量元素等（许成委等，2010）。秸秆还可以作为饲料。古代用于猪的饲料种类达到 42 种之多，其中就包括秸秆类材料，比如糠麸类（徐旺生，2011）。

传统农业社会还存在秸秆的买卖现象。1909 年，山东一户农户小麦产量为 210 千克，可以卖 27.09 美元，小麦秸秆 500 千克，可卖 10.06 美元；大豆比小麦多收入 23.22 美元，大豆秸秆比小麦秸秆多收入 6.97 美元；小米及其秸秆（产量 4 800 磅*）可收获 27.09 美元和 8.12 美元；高粱及其秸秆（6 000磅）分别价值 19.35 美元和 10.06 美元；农民为保持地力，每年给土壤上 5 000～7 000 磅干燥堆肥，若种植两茬作物，则每年的施肥量就可以达到 5～7 吨；作物藤叶除了喂养牲畜外，剩余秸秆作为生活燃料，草木灰则返回耕地（富兰克林．H. 金，等，2011）。

3.2.2　传统小规模畜禽粪便利用模式

秦汉时期，关中农业与周边农牧业之间形成很强的互补性，周边地区的马、牛、驼进入关中农区，推进了关中农区铁犁牛耕推广、普及进程；同时，关中农区的辐射带动促进了周边地区完成农牧结合的转化过程，也促进了畜牧业生产技术的发展与完善（樊志民，2004）。秦汉时期，牛的种类以黄牛为主，兼有旄牛与水牛，官方与民间两种牧养方式都得到发展，在养殖、管理、兽医等方面积累了长期经验，养牛呈现商品化趋势，养牛主体包括畜牧专业户、富贵之家和个体农户；至西汉末年，牛耕技术基本普及至整个北方地区了（温乐平，2007）。明清时期，畜禽养殖结构发生变化，牧区和农区的牧马业地位下降，牛、羊、猪与家禽的饲养则逐渐走向繁荣，其中北方以牛、羊放牧为主，南方以猪、家禽饲养为盛（王社教，2001）。可见，牛、羊、猪、家禽、马是中国古代畜禽粪便的主要来源，其中古代陕西地区是以牛、羊和马为畜禽粪肥的主要来源。

由表 3－4 可以看出，中国传统农业社会中，粪便主要来源于牛、羊、马、鹿、猪和蚕等动物，其中牛、羊、猪的粪便是利用的主体部分。从先秦到明清时期，粪便的种类增加不明显，但利用方法却大幅增加。古代农村对人畜粪便的利用方式主要是用于促进嫁接枝条成活与摧花、用作饲料以及治疗动物疾病等。畜禽粪便的主要利用方式则是作为作物育种栽培的肥料、防治作物虫害、提高作物抗寒耐旱能力、改良土壤、治疗人和动物疾病、用作燃料等，其中尤其以作物肥料为主要利用方式（许成委，2010）。

在畜禽粪便的肥料化利用方面。传统农业社会中，农业系统内部能够完成种植业和养殖业的农业内部循环。畜禽粪便被奉为种植业珍贵的资源，用作农业肥料。例如，明清时期的江南，畜禽粪肥是农林经济之宝，甚至还出现了畜禽粪肥的买卖。比如，浙江乌程县义乡村，有个土财主穆太公，见种田、栽桑全靠人力和粪肥，就建立了一个粪污屋，专门收集粪便，还做了广告宣传，粪

* 磅为非法定计量单位，1 磅＝0.454 千克。——编者注

便以一钱一担的价格出售，结果生意兴隆，使他成为富足人家，甚至还有人通过挑柴、担油和运米等劳动来交换粪肥（李伯重，1999）。明清江南地区耕地总数为 4 500 万亩（李伯重，1999），各类作物的粪肥需求量如表 3－4 所示。据表 3－4 可推算，自明末至清中两百年中，江南用肥总量大约增加了 90%，水稻、桑树、棉花、麦、油菜和豆等作物的用肥量增加幅度分别为 79%、114%、113%、250%、78%和 75%。

表 3－4　历史上人畜粪便再利用种类及方法（许成委，2010）

时期	粪便来源	粪便主要利用方法	文献出处
先秦	牛、羊、麋、鹿、狟、狐、猪、犬等 18 种	蚕矢给桑树、瓠、麻等施肥；用麋鹿、羊矢溲种	《周礼注疏》等
秦汉	蚕、猪、麋鹿、羊等 4 种	用牛粪燃火煮食或加热蚕室	《氾胜之书》等
魏晋南北时期	牛、马、獭尿、蚕矢、羊矢、驼粪等 96 种	牛粪慢热种子，促进瓜子、核桃苗发育；蚕矢与种子合种，禾不生虫；焚烧骆驼粪驱蚊；用獭尿、马尿治疗动物疾病	《齐民要术》、《博物志》等
隋唐	人小便、鸡、马、猪、牛、羊等 6 类	粪便用于种植观赏植物；人小便治病	《种树书》、《四时类要》等
宋元	人小便、鸡、马、猪、牛、羊等 6 类	用粪及小便浇花；以小便粪水、蚕沙等浇茶，用新牛粪土嫁接，秋冬小便治马膈痛；用蚕沙或腐草灰粪种姜；用牛马粪冬季保温防止冻根	《陈旉农书》、《农桑辑要》、《农桑衣食撮要》、《王祯农书》及《金漳兰谱》等
明清	大粪、人小便（童便）、牛、羊、马、猪、鸡、鸭、蚕、獭、麋、鹿、鱼、驴、驴尿等 13 种	给马治病；作物栽培；羊鱼互养，羊粪养鱼；用粪便改善干燥向阳或略呈碱性的土地；人小便（童便）治病解毒、喂牲畜；马粪保证水寒的水稻地丰收	《农政全书》、《便民图纂》、《湖蚕述》、《三农纪》、《授时通考》、《豳风广义》、《齐民四术》及《促织经》等

3.3　现代小规模农业废弃物利用模式

3.3.1　现代小规模作物秸秆利用模式

表 3－5 显示了 2008—2014 年间各调查年份陕西作物秸秆的利用方式，可

以看出：

第一，当代小规模生产农户的秸秆资源化利用方式以传统的非资源化利用方式为主；资源化利用率较低，主要包括饲料、出售/原料和其他；非资源化利用方式主要包括焚烧/弃置和生活燃料。陕西农户对作物秸秆的利用方式以非资源化利用为主，非资源化利用方式占所有利用方式（非资源化利用率）的比例高达 53.8%～72.8%，而资源化利用率仅为 27.2%～46.2%。2009 年，陕北、陕南、关中的秸秆资源化利用率分别为 31.8%、39.67%和 29.69%，2011 年，陕南的秸秆资源化利用率为 46.2%，2014 年关中的秸秆资源化利用率为 27.2%。总之，陕南地区秸秆的资源化利用率最高，其次为陕北地区，最后为关中地区。本研究调查结果与 2008 年全国第一次污染普查公布的陕西秸秆利用情况数据之间存在较大差异（表 3-5），主要表现为：本研究中关中的秸秆资源化利用率（27.20%～29.69%）低于陕南（31.80%～46.20%）和

表 3-5 陕南、陕北、关中不同年份作物秸秆利用方式

秸秆利用方式		2008（田涛和陈秀峰，2010）			2009*			2011*	2014*
		陕南（%）	陕北（%）	关中（%）	陕南（%）	陕北（%）	关中（%）	陕南（汉中）响应百分比（%）	关中（杨凌示范区）响应百分比（%）
非资源化利用	田间焚烧/弃置	0.12	0.26	0.06	0.00	0.00	12.82	24.60	27.30
	生活燃料	0.49	0.43	0.20	68.20	60.33	57.49	29.20	45.50
	小计	60.62	69.06	25.40	68.20	60.33	70.31	53.80	72.80
资源化利用	饲料	28.33	27.01	73.78	28.49	38.63	4.06	11.90	9.00
	出售/原料	9.35	2.03	0.30	2.00	1.04	8.11	0.00	0.00
	其他（还田、沼气等）	1.70	1.90	0.52	1.31	0.00	17.52	34.30	18.20
	小计	22.15	21.62	70.55	31.80	39.67	29.69	46.20	27.20
总计（总响应频次）		100.00	100.00	100.00	100.00	100.00	100.00	100.00（195）	100.00（198）

注：表中带“*”的为本研究调查数据；2008 年数据为 2008 年全国第一次污染普查公布的陕西秸秆利用情况数据。响应频次为问卷调查中某个多选题各个选项被选择的次数；响应百分比为各选项的响应频次占总响应频次的百分比，其作用与百分比一样，即，使得数据标准化，故两个调查中同一变量的数据的应答百分比之间可以互相比较，也可以与百分比进行比较。

陕北（39.67%）地区，而全国污染普查数据中，关中地区秸秆的综合利用率为70.55%，远高于陕南（22.15%）和陕北（21.62%）地区。差异主要来源于两个调查中秸秆用于饲料这种利用方式所占的比例不同。产生差异的原因在于，本研究所调查的对象是一般农户，而全国污染调查数据是以地区为单位的调查。说明小规模生产农户的作物秸秆资源化利用率和利用方式并不能代表整个地区的秸秆资源化利用率和利用方式，还存在其他的秸秆利用模式。

第二，关中、陕南和陕北三个地区，在作物秸秆资源的非资源化利用方式上存在较大差异。陕南和陕北地区基本不存在秸秆就地焚烧或弃置现象，主要以生活燃料为主，且秸秆用做生活燃料和比重有下降的趋势。2011 年陕南汉中地区秸秆用作生活燃料的比例比 2009 年陕南地区减少了 39%，但秸秆就地焚烧所占比重则增加了 24.6%。关中地区秸秆焚烧率较高，且有增加的趋势。2014 年关中杨凌示范区秸秆用作生活燃料的比重比 2009 年关中地区降低了 11.99%，而其秸秆焚烧的比例却比 2009 年关中地区增长了 14.48%。何立明等（何立明等，2007）分析了 2007 年 6 月的卫星遥测结果，发现陕西关中平原是中国秸秆焚烧最严重的区域之一，这与本研究结果相吻合。

第三，陕南、陕北和关中地区秸秆的资源化利用方式也存在差异。2009 年，陕南、陕北、关中秸秆用作饲料的比例分别占各地区所有秸秆利用方式的 28.49%、38.63%和 4.06%，说明秸秆饲料是陕北、陕南地区农户秸秆综合利用的主要方式；而关中地区则以还田和出售为主，这两种方式分别占该地区所有秸秆利用方式的 17.52%和 8.11%。与 2009 年数据相比，2011 年陕南秸秆还田所占比率比 2009 年提高了 32.99%，但饲料利用方式的比重则下降了 16.59%。与 2009 年数据相比，2014 年关中地区秸秆还田方式的比重增加了 0.68%，饲料方式的比重增加了 4.94%。总之，陕南和陕北的秸秆利用方式较为相似，他们与关中的秸秆利用方式之间存在明显差异。

3.3.2 现代小规模畜禽粪便利用模式

由于农户养殖规模小，无法形成规模化效益，因此农户的养殖数量与结构、产品去向、产品销售模式、饲料的使用等方面都具有明显的传统养殖业特征。2014 调查中，87.2%的被访者家中没有养殖畜禽，仅有 12.8%的被访者家中养殖了畜禽。养殖畜禽的被访者，其养殖的种类分别为奶牛 35.7%、猪 21.4%、羊 21.4%、蛋鸡 14.3%、兔 7.1%。养殖数量介于 1～500 头（只）之间，养殖数量为 1、2、3～10 和 50～500 头（只）的分别占 15.45%、

38.55%、30.8%和15.40%，平均为45.23头（只），标准差为137.27头（只）。可见，被访养殖畜禽的农户中，有八成的养殖规模在10头（只）以下，农户养殖规模普遍较小。正是因为养殖规模比较小，所以农户的养殖方式仍旧以传统养殖方式为主。被调查的养殖农户，其畜禽圈舍位于自家院子、村内其他地方和村外偏僻处的分别占71.4%、21.4%和7.1%；年投入成本介于0.02万～50万元之间，平均成本为8.63万元，成本的标准差为20.27万元；年饲料花费平均为1.86万元，标准差为3.99万元；年毛收入介于0.2万～75万元之间，平均11.62万元，标准差为28万元。养殖产品主要去向，100%养殖产品销往本地，其中养殖产品的去向自己用的占23.1%，出售的占76.9%；养殖产品主要销售方式为固定收货商53.8%、自己到居民区销售30.8%、不出售15.4%。此外，养殖农户饲料主要来源于自家生产46.2%和购买商品饲料53.8%；饲料主要成分为粮食副产品（麦麸等）92.3%和成品饲料7.7%；饲料添加剂的添加标准，46.2%的养殖户靠自己经验、7.7%的按照添加剂说明书、7.7%的按照添加剂厂家或销售商指导，另有38.5%的养殖户不添加饲料添加剂。农户养殖的饲料，有50%以上来自成品饲料，是因为杨凌示范区饲料企业比较多，多达27家，饲料容易获得。但受到饲料成本的限制，仍旧有45%以上的农户使用自家生产的粮食副产品作为养殖饲料。在饲料添加剂方面，由于养殖数量少，近四成的农户不添加饲料添加剂，比较环保；另有46%的农户靠自己经验添加饲料添加剂，如果添加过量，具有间接导致畜禽粪便重金属污染的潜在风险。

表3-6　2014年陕西养殖农户畜禽粪便利用方式

	畜禽粪便利用方式	响应频次	响应百分比
非资源化利用	直接放到农田	96	50.0%
	用水冲走	12	6.3%
	放到固定堆放点	12	6.3%
资源化利用	送给周边农户	12	6.3%
	出售给别人	36	18.8%
	沤肥后放到农田	12	6.3%
	做有机堆肥	12	6.3%
	总计	192	100.0%

受养殖特征影响，畜禽粪便的处理方式以低成本的直接施入农田和出售为

主。孙志华等（孙志华等，2011）针对陕西省米脂、合阳、武功和城固四个县160户农民的调查结果显示，陕西有机肥中，粪尿类占52.7%，粪尿的4.5%被堆沤后施入农田，2010年，50%的农户、40%的粮食作物、70%的经济作物和38%的耕地施用了有机肥，共提供了耕地33%的养分；凡是家庭有养殖的农户，几乎全部施用有机肥。这与本研究的调查结果基本吻合。即在2011—2014年间，农户的畜禽粪便处理方式仍以用作肥料为主，其畜禽粪便利用方式的无害化程度并未提升，难以避免环境危害。

畜禽粪便利用方式中普及最广泛的是户用沼气。从自然适宜性来看，适宜发展农村户用沼气的中国西部地区农户多达5 600万户，占西部地区农户的90%以上，西部地区沼气发展可分为适宜区和暖圈沼气适宜区，西北地区属于暖圈沼气适宜区，目前西北农村地区的户用沼气池数量占到全国的2.56%，且主要分布于陕西省（赵佐平等，2014）。但是陕西省秸秆沼气的实际利用情况如何？本研究2011和2014调查数据显示：

第一，户用沼气池的建设主要依靠政府推动。在沼气建造特点方面。汉中市农村户用沼气池的建造地点为自己家院子里（98.0%）和村内其他地方（2.0%）；沼气规模主要为6立方米（95.9%）；沼气设备包括沼气灶（93.9%）、沼气灶加沼气灯（6.1%）。在沼气建造的条件获得方面。政府提供的支持为设备（53.8%）、资金（25.6%）、技术员（20.5%）。89.6%的农户感觉如果自己建沼气池不存在资金困难。农户的沼气技术来源为政府支持（61.2%）、亲友邻居帮助（20.4%）、咨询专家或技术员（16.3%）、自己探索（2.0%）。可见，农户沼气池的建设主要依靠政府的支持和推动。

第二，虽然陕南汉中地区比关中杨凌示范区户用沼气继续使用率较高，但陕南和陕北地区户用沼气继续使用率与使用效率皆低，且沼气在农户能源结构中所占比例极低（表3-7）。

2011汉中调查和2014杨凌示范区调查中，农户沼气池普及率分别为62.7%和31.2%，沼气池继续使用率分别为60.4%和41.2%。可见，沼气池继续使用率亟待提高。不继续使用沼气池的原因集中于原料因素70.0%、管理太麻烦15.0%、设施损坏10.05%和不会使用5.0%。仍旧使用沼气的农户，其沼气的主要用途主要是做饭，但仅限于烧水、煮稀饭等能耗较低的内容。2011年汉中市农户做饭能源的相应百分比分别为（总相应频次为285）：农作物秸秆21.40%、薪柴29.12%、煤球或煤块11.23%、天然气或煤气8.07%、电28.07%、沼气1.75%、太阳能0.35%；2014年杨凌示范区被访

表 3-7　陕西农村户用沼气建设与利用情况

沼气建设与利用情况			汉中（2011）	杨凌示范区（2014）
沼气池建设情况	沼气池普及率		62.7%	31.2%
	沼气池继续使用率		60.4%	41.2%
	沼气池主要原料	禽畜粪便	—	87.5%
		秸秆	—	12.5%
	沼气池原料来源	自己家的原料	—	76.5%
		从外边购买	—	14.7%
		问别人要	—	8.8%
沼气池利用情况	沼液（沼渣）利用方式	不处理	42.6%（51.0%）	0.0%（0.0%）
		浇/堆到地里	31.9%（0.0%）	96.7%（96.7%）
		排到臭水沟	25.5%（46.9%）	0.0%（0.0%）
		送人	0.0%（0.0%）	3.3%（3.3%）
		出售	0.0%（2.0%）	0.0%（0.0%）
	沼气的主要用途	烧水做饭	34.3%	0.0%
		照明	2.6%	0.0%

农户做饭所用能源为电 54.9%、薪柴 18.7%、煤球或煤块 12.1%、天然气或煤气 4.4%、太阳能 5.5%，沼气仅占 4.4%。可见，农户做饭能源以薪柴、农作物秸秆等传统生物质能源和电、煤球或煤块、天然气或煤气等一次性商品能源为主，沼气在农户能源结构中所占比例太低，其能效、便利性等方面亟待改进。

第三，关中地区沼液沼渣的资源化利用率高，而汉中地区沼液和沼渣的资源化利用率较低，存在具有环境污染风险的处理方式。表 3-7 显示，关中杨凌示范区沼液沼渣的利用较为充分，96.7%的沼液沼渣被用做肥料施用于土壤，而陕南汉中地区则有近 70%的沼液、沼渣不处理或被排到臭水沟。这是因为关中地区交通方便，沼液、沼渣运输方便，可以较低代价运到地里；而汉中地区农户居住地距离耕地距离较远，沼液沼渣运输成本太高，因此汉中农户沼液沼渣的资源化利用率较低。

3.4 现代大规模农业废弃物利用模式

3.4.1 规模化养殖场的农业废弃物利用模式

第一，规模化养殖场农业废弃物的资源化利用率较高，以出售为主要利用方式。规模化养殖场畜禽粪便利用情况如表 3-8 所示，可以看出，规模化养殖场畜禽粪便的资源化利用率达到 72.2%。在资源化利用中，出售是主要的利用方式，占所有畜禽粪便利用方式的 50%之多。

表 3-8 2014 年陕西规模化养殖场畜禽粪便利用方式

	畜禽粪便利用方式	百分比（%）
非资源化利用	直接放到农田	22.3
	用水冲走	0
	放到固定堆放点	5.5
	小计	27.8
资源化利用	送给周边农户	5.5
	出售给别人	50
	沤肥后放到农田	0
	做有机堆肥	11.1
	沼气	5.6
	小计	72.2
	总计	100

第二，小规模养殖场可以通过出售完成农业废弃物的资源化利用。大规模养殖场在出售之外，还需要寻求其他的利用方式，与农业废弃物利用相关企业形成利益链条，是大规模养殖场比较好的利用途径，大规模养殖场正面临着农业废弃物的资源化成本较高的困境。

第三，不同类别的养殖场，其畜禽粪便利用方式有一定差异。

根据资金组成和养殖规模等性质划分，表 3-2 中的被访养殖场可以分为两类，一类是由政府扶持的高科技示范性企业，比如杨凌 QB 牛业有限公司、BX 集团等，大多采用“公司+农户”的生产经营模式；另一类是私营养殖场或养殖小区。养殖小区是将一个村规模较小的养殖农户合并起来，单独圈出一个地方，将该村农户养殖的畜禽放在一起，但是养殖、产品营销、畜禽粪便处理等事项则是农户各自负责，互不干涉。这两类养殖场的畜禽粪便利用方式有一定差异。

私营养殖场与养殖小区，其资金来源主要为自筹资金，员工以家人、亲友和少量的雇佣人员为主，受资金和人力数量制约，养殖规模较小，畜禽粪便产量也相对较小，难以形成规模化利用的技术效益。因此，畜禽粪便的主要利用方式为出售，或者简单的生态循环利用。调查中，大多数规模小的养殖场，将畜禽粪便堆起来或摊开晾晒，然后雇车或用自己的车将畜禽粪便运到生产堆肥的公司或者苗木培育公司出售。2014 年，畜禽粪便装车和打扫的人工费为一车 700～750 元。畜禽粪便出售的盈利情况为猪粪 100～200 元/立方米，牛粪 45～100 元/立方米，鸡粪 8 万元/年，冬季畜禽粪便销售量较大，主要是苗木产业收购后用于饮果树。

高科技示范性企业的养殖场，资金实力雄厚，多享受政府的资金、技术或优惠政策等方面支持，员工中不乏畜牧、兽医、防疫和销售方面的专业人才。代表性企业为陕西 QB 牧业发展有限公司和杨凌 BX 集团。陕西 QB 牧业发展有限公司推行“1＋1＋1”工程，给予繁育大户建立一个标准化牛舍、一个青贮窖、一个沼气池，使得牛粪转变为沼气，同时生产有机肥，每头牛可再产生 500 元左右的隐性效益。杨凌 BX 集团采用稻谷壳覆盖、生物发酵、减少粪便臭味的技术处理猪粪，但是，仍旧存在不足之处。2014 年，杨凌示范区环境保护局发出《关于对杨凌 BX 集团养殖污染问题挂牌督办的通知》（杨管环发［2014］25 号），督促该集团的生猪实训基地、毕公猪场和李家猪场等养殖场采取措施减少在养殖过程中产生的污染，以减少对周边村民生产生活造成的不利影响，并明确提出补办环境影响评价手续、加快环保配套设施建设、加强粪便外运、制定了详细的督办要求。BX 集团的例子说明，在“企业＋农户”的规模化养殖经营方式下，污染主要来源于农户，因为企业在政府的监管下，一般都具有污染治理设备，而与企业合作的农户则大多只考虑经济利益，缺乏污染治理意识和设备，在这种情况下，农户养殖规模越大则污染程度越严重。

可见，以高科技为支撑的大型养殖场，在处理畜禽粪便方面的优势在于，由于畜禽粪便产量大，如果资源化利用，则可以实现相关技术的规模化效益，达到经济、生态环境和社会三重效益。如果不及时利用，则会对区域环境造成极大危害。为此，这类企业都与农业废弃物利用企业建立了合作关系。比如，杨凌 LK 生态工程有限公司，主要利用杨凌示范区各养牛场的牛粪，经过好氧堆肥处理后生产栽培基质；杨凌 KZ 农业开发有限公司，主要利用秦川牛养殖场的牛粪生产有机肥料；杨凌 LY 沼气服务有限公司则主要利用 BX 集团养猪场的猪粪，生产有机肥。

3.4.2 相关产业的农业废弃物利用模式

各类产业的农业废弃物利用方式、利用量及农业废弃物收购价格如表3－9所示。

第一，不同产业对农业废弃物的利用途径、利用成本、年利用量不尽相同（表 3－9）。

（1）果蔬种植、苗木繁育产业。包括两种生产主体，一种是苗木栽培业，一种是大棚种植合作社。首先，苗木栽培业的农业废弃物利用模式。利用畜禽粪便堆肥后生产的生物基质进行幼苗的组培和扦插，主要是利用基质的营养和透气性以减少幼苗的死亡率。其次，大棚种植合作社的农业废弃物利用模式。在作物生长阶段，大棚种植农户无法使用畜粪沼液，只有在土地修整期才能使用。其他时间，农户一般施用商品肥料，尤其是化工肥料为主，生物肥料较少使用。由于生物肥料价格高、见效慢，加上农户并不关心大量使用化肥对土地的危害，故农户较少选用生物肥料。

（2）菌类产业。菌类产业的规模化效益较高，比如杨凌 TH 生物科技有限公司，每天生产 10 吨食用菌，每吨投资 300 万元，杏鲍菇出售 9 元/千克，此外，杨凌 KN 菌业有限公司每年生产 150 吨，售价 4～8 元/千克，销往全国各地。产品销往西北五省蔬菜批发市场。废料还可以出售，出售价 120 元/吨。

（3）生物肥产业。如咸阳 RY 生物科技有限公司，年产 5 万吨有机肥。安置农民工就业 300 人以上，提高当地农村人均收入 1 500 元以上。年出售有机肥 1 200～1 300 元/吨，基质 400 元/立方米，鱼饲料 2 800～3 200 元/吨。以合作社形式，和农户签订协议，帮助农户消纳锯末、玉米秆、食用菌渣等植物残体及牛粪，以有机肥形式进行补偿。

第二，相关产业较为成功的农业废弃物资源化利用模式在本质上都是实现了农业废弃物循环利用的模式，具体包括两种典型模式，即“种植、养殖、食用菌培育循环模式”和“畜禽养殖、作物种植、有机肥循环模式”。

典型模式 1：种植、养殖、食用菌培育循环模式。

该模式（图 3－1）利用木屑、玉米芯、麸皮、牛粪、麦秸、玉米秸等原料作为食用菌培养基料、养牛垫圈料和牛饲料；出菇或污染后的基料，用于奶牛饲料、奶牛生态床和其他菌类的基料。该模式将种植、养殖、食用菌培育相

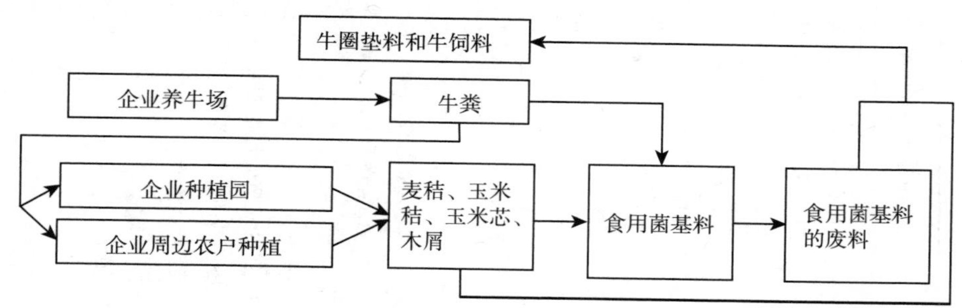

图 3-1　种植、养殖、食用菌培育循环模式

衔接，不仅在大农业系统内实现了农业废弃物的循环利用，在公司内部实现了农业废弃物的循环利用，还与周边农户形成了种养对接，即将公司养牛场生产的牛粪供给周边农户做大棚种植，同时收购周边农户种植的秸秆、玉米芯等农业废弃物。以杨凌 PC 生物技术研究所为例，由表 3-9 可知，该研究所每天自己加工 1.6 万包基料，每包 0.85 千克；其中每年购买 0.2 万～0.3 万吨基料，基料混合料平均 650 元/吨；玉米芯未加工的 600 元/吨，加工过的 700～800 元/吨；麦秸 650 元/吨。若按照每年购买 0.3 万吨基料，每吨 650 元计算，则该公司可消耗掉该公司、该公司周边农户及其他地区基料供应者所生产的秸秆类农业废弃物 13.6 吨/天，并且为秸秆类农业废弃物原料的供应者提供 195 万元/年的利润。可见，该利用模式的环境效益和经济效益可观，值得推广。

典型模式 2：畜禽养殖、作物种植、有机肥循环模式。

该模式是目前中国集约化养殖企业的基本发展方式，该循环利用模式如图 3-2 所示。陕西省境内典型的代表企业包括汉中 TL 科贸有限责任公司、TM 生物肥料有限责任公司、佳县 NFSY 养殖产业有限公司、泾阳县 XL 维维奶牛养殖合作社、咸阳 RY 生物科技有限公司、商洛 BL 实业有限公司等。

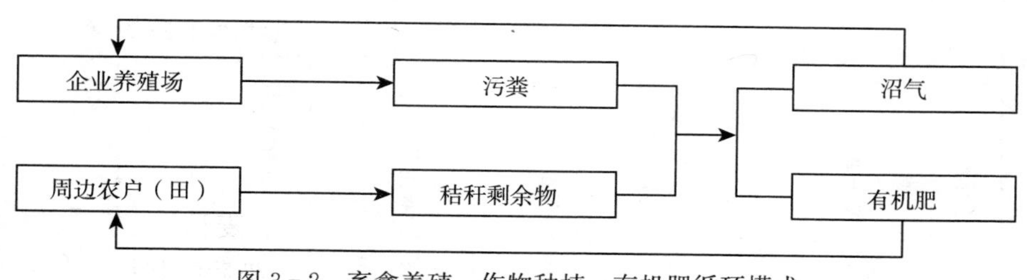

图 3-2　畜禽养殖、作物种植、有机肥循环模式

表 3-9　相关产业农业废弃物利用现状

产业	企业名称	主要产品	农业废弃物利用途径	农业废弃物年利用量	农业废弃物利用成本
食用菌产业	杨凌 PC 生物技术研究所	杏鲍菇、香菇、木耳、灵芝	利用木屑、玉米芯、麸皮、牛粪、麦秸、玉米秸等原料作为食用菌培养基料、垫牛圈料和牛饲料；出菇或污染后的基料，用于奶牛饲料、生态床和其他菌类基料	每天自己加工 1.6 万包基料，每包 0.85 千克；其中每年购买 0.2 万～0.3 万吨基料	基料混合料平均 650 元/吨；玉米芯未加工的 600 元/吨，加工过的 700～800 元/吨；麦秸 650 元/吨
	杨凌 TH 生物科技有限公司	杏鲍菇、灵芝、北虫草	利用玉米芯、锯末生产杏鲍菇；利用木屑、锯末和棉籽皮生产灵芝。废料 4 000 千克/天，用于出售、烧锅炉和生产其他品种食用菌	玉米芯每年 1 500 吨；锯末每年 2000 吨；棉籽皮每年 20 吨	玉米芯 600 元/吨；锯末 100 元/立方米；棉籽皮 2 000 元/吨
	杨凌 KN 菌业有限公司		利用棉籽皮、木屑生产杏鲍菇、白灵菇	共五个厂房，每年消耗棉籽皮 300 吨	棉籽皮 1 000～2 000 元/吨
生物肥料产业	杨凌 LK 生态工程有限公司	生物肥料和基质	将本地牛粪、猪粪和少量的外地畜粪，经过高温好氧堆肥，做成生物肥料或基质	每年收购畜粪 1.5 万～2.0 万吨；出售有机肥 1 200～1 300 元/吨，基质 400 元/立方米	本省 700 元/吨；外地 1 万元/吨；运输距离太长则运输成本高
	汉中 TL 利科贸有限责任公司	生物肥和有机无机复混肥	将企业产生的猪粪与当地锯末、稻壳、稻草等农业秸秆混合进行高温好氧堆肥，加工生物肥和有机无机复混肥	出售有机肥 1 200～1 300 元/吨，基质 400 元/立方米	稻壳 200 元/吨；锯末 400 元/吨；价格不含运费
	咸阳 RY 生物科技有限公司	20 多个品种的生物肥	将当地的锯末、玉米秆、食用菌渣等与企业自产及当地收集的牛粪混合，经高温好氧堆肥，加工成生物肥、果蔬专用肥、有机肥、生物有机肥、复合微生物肥、茎质土生物菌制剂、有机原料腐殖酸、腐熟牛粪、液态肥等	利用牛粪 50 万立方米/年（约 5 万头牛的粪便），其他生物残杂（秸秆、树枝、青储物残杂等）30 万立方米/年	

（续）

产业	企业名称	主要产品	农业废弃物利用途径	农业废弃物年利用量	农业废弃物利用成本
生物肥料产业	商南 RH 生态肥业有限公司	有机肥，包括果树专用肥、蔬菜专用肥	将当地养殖业的猪粪、鸡粪用于生产有机肥	年均收入 500 万元；消化所在区域 100 万头生猪和 13.2 万只蛋鸡的粪便。一头猪从出生到出栏能产 200 千克干粪，一只鸡能产 18 千克干粪；一个农户隔几个月送一次鸡粪，净收 1 万多元/次	
果蔬种植、苗木繁育产业	陕西省 GSLZ 苗木繁育中心（杨凌）	苹果、樱桃、猕猴桃等的苗木培育	畜禽粪便基质用于幼苗的组培和扦插，主要是利用基质的营养和透气性以减少幼苗的死亡率	30 万～50 万棵；每棵 0.1～0.2 千克	畜粪基质一袋 10 千克，15～25 元
	杨凌 WQ 农业企业孵化园	果蔬、苗木、花卉	利用 QC 牛养殖场的沼液或者养鸡场的鸡粪作为绿色肥料	共 16 个大棚。一个 65 米的大棚，每年共生产 2 茬作物，每茬需要 8 车鸡粪或者 8 车牛粪	牛粪 250～260 元/车，2 立方米/车；鸡粪平均 300～320 元/车，2 立方米/车，最贵 400～430 元/车
	杨凌 DZ 乡西小寨草莓合作社	果蔬、苗木、花卉	土地修养时期，利用 BX 集团养殖场的沼液或者养鸡场的干鸡粪作肥料	150～200 个大棚，每个大棚每年使用沼液 12～14 车或鸡粪 500 千克	沼液免费，运输价 30～38 元/车，8 立方米/车；干鸡粪 1 元/千克

虽然这些企业的投资规模从资产500万到4亿元不等，所饲养的畜禽种类也涵盖了肉猪、黑猪、奶牛、肉鸡和疫苗鸡等不同畜禽，饲养量也从300头牛、4 000～20 000头猪（年出栏量）到50万只鸡不等。但这些企业均以企业自身运营过程产生的大量污粪为原料，以收集自当地来源较为便利的耕作废弃物（农作物秸秆、果树修剪枝条、锯末等）为辅料，通过厌氧发酵的方式为企业运营提供能源，通过好氧发酵的方式获得附加值较高的有机肥（配方肥、生物有机肥、有机无机肥、有机无机复合肥、果蔬和药材专用肥等）。这种产业联合模式，将养殖、废弃物资源化利用和环境治理有机结合，不仅在农业废弃物的循环利用中，有效解决了畜禽养殖场粪污的污染问题，缓解了自身所需的能源支出，同时还收购周边农户种植的秸秆、玉米芯等农业废弃物，促进了当地农业废弃物的循环利用运转。所生产出的附加值较高的有机肥产品，经过农户使用后既可以疏松改良土壤，又可以提高土壤有机质含量，提高作物的生长环境适应性，达到作物抗病、提质增产的功效，还能为中国的循环农业发展做出积极的示范作用。以汉中TL科贸有限责任公司为例，该公司养猪规模为5 000头，利用猪粪和稻壳锯末发酵生产有机堆肥。其环境效益为，每年资源化利用掉猪粪3万吨、秸秆和锯末1.2万吨；社会经济效益为，企业每年获得净利润2 450万元，为周边农户提供出售农业废弃物的收入560万，同时还为123人提供就业机会，增强了企业的龙头带动作用。因此，该模式值得在规模化养殖场推广①。

3.5 不同农业废弃物利用模式的比较

传统小规模、现代小规模和现代大规模三种农业废弃物利用模式有着不同的特点，他们在利用主体、利用效率、利用效益等方面存在着较大的差异，如表3-10所示。

① 具体计算方法为：以表2-3中猪的排泄系数计算（饲养周期为365天，排污系数为5.3千克/天），则该公司每年自产猪粪9 672.5吨，记作1万吨，购买猪粪2万吨。投入费用：首先是原料投入费用。购买周边猪粪价格为每吨100元，每年购买2万吨猪粪共花费200万元；购买周边稻壳锯末约1.2万吨，收购价300元/吨，共花费360万元。其次是支付工资费用。120名工人，人均工资4 000元一月，每年需支付工人工资48万元；业务主管经理3名，每人年薪120万，需支付业务主管经理工资360万元。获得利润：每年出售有机肥约3万吨，每吨出售价平均为1 200元，总共获得3 600万元毛利润。所以，该公司利用猪粪做有机肥每年可以获利：3 600万－200万－360万－48万－360万＝2 632万。若扣除水电、运输和上缴的税款，则净利润约为2 450万。

表 3-10　不同农业废弃物利用模式的比较

比较内容		传统小规模农业废弃物利用模式	现代小规模农业废弃物利用模式	现代大规模农业废弃物利用模式
农业废弃物利用主体	构成	传统社会小规模生产农户	当代社会小规模生产农户	规模化生产农户、专门的利用机构（公司）
	积极性与主动性	高，主动利用	低，被动利用	低，被动利用
	行为主要推动者	农户	政府、市场、农户	政府、市场、农户
农业废弃物利用效率	主要利用技术	秸秆用于生活燃料、饲草、堆沤肥料、补房顶 畜禽粪便主要用于农作物肥料	秸秆用于生活燃料、饲草、还田、堆沤肥料、弃置、焚烧等；畜禽粪便用于农作物肥料、户用沼气等	秸秆用于饲料、食用菌基料、还田、出售 畜禽粪便用于出售、有机肥料、规模化沼气
	利用率	高，被完全利用	较高，仅有少量剩余	较低，存在大量剩余
	技术含量	低	低	较高，还待进一步挖掘
	无害化处理程度	低	低	较高，但缺乏初步的无害处理
	资源化利用程度	非资源化利用	非资源化利用	部分资源化利用
	专业化程度	低，无专门利用机构	低，无专门利用机构	较高，出现专门的收储和利用机构，比如合作社、公司
农业废弃物利用的社会经济效益	利用成本	低，只需投入人力和畜力	低，只需投入人力、畜力或少量机械力	高，需要投入大量人力、机械力和技术人员
	农业废弃物的买卖现象	少量存在	少量存在	大量存在
	对农业生产的影响及对生活的影响	与传统社会经济发展水平相适应，有利于当时作物种植产量的提高	与当代社会经济发展水平不适应，不利于当代农业生产效果的提高，不能满足日益增长的对农畜产品的增长需求	利于农业生产效率的提高和农业高新技术的运用

（续）

比较内容		传统小规模农业废弃物利用模式	现代小规模农业废弃物利用模式	现代大规模农业废弃物利用模式
农业废弃物利用的社会经济效益	对农户社会经济条件的影响	基本解决了农户的生活燃料和肥料问题	部分解决了农户的饲料、燃料和肥料需求	较低成本地消耗了种植、养殖大户的一部分农业废弃物，并增加了农户收入；但仍有大量农业废弃物无法被利用
	种养结合、循环利用与可持续发展方面	种养结合，农业废弃物完全被循环利用；利于可持续发展	种养平衡，利于环境友好和可持续发展；村庄道路上农业废弃物的清扫	种养不平衡，不利于环境友好和可持续发展；负外部性强
	对村容村貌的影响	拾粪利于村庄道路上农业废弃物的清扫；畜禽粪便任意堆放，对农户庭院卫生不利	在政府监管下，畜禽粪便较少任意堆放在农户院落或村落公共空间内	严重影响村容村貌及整个区域环境
农业废弃物的环境效益	对大气环境污染程度	较低	较低	较高（秸秆焚烧造成严重的雾霾等大气污染）
	对水体污染程度	无	较低（秸秆焚烧造成大气污染）	较高（畜禽粪便含重金属、抗生素、病菌等有害化学成分）
	对土壤污染程度	无	较高（畜禽粪便含有有害化学添加剂）	较高（畜禽粪便含重金属、抗生素、病菌等有害化学成分）
	对人畜卫生的危害程度	较高（畜禽粪便不进行除臭和无害化处理，难以避免鼠虫疫危害。秸秆做生活燃料，污染大气环境、造成人类眼、肺部疾病）	较高（畜禽粪便不进行除臭和无害化处理，难以避免鼠虫疫危害；危及人畜健康）	难以避免鼠虫疫危害和农业面源污染

3.5.1　农业废弃物利用主体的差异

传统小规模农业废弃物利用模式下，农业废弃物利用的主体是农户，农户既是农业废弃物的生产者，又是农业废弃物的利用者。农户对农业废弃物的利用积极性较高，表现为农户主动收集农业秸秆和畜禽粪便，利用这些农业废弃物的生物特性，满足农户自身的生产生活需求。农户的农业废弃物利用行为不需要政府专门制定政策推动。

现代小规模农业废弃物利用模式的利用主体也是小规模生产农户，但不同的是，农户的农业废弃物资源化利用积极性较低，其焚烧秸秆和随意丢弃畜禽粪便等现象需要依赖于政府的监管政策才能有所收敛。农户的农业废弃物利用行为，需要在政府政策的引导下和政府的秸秆禁烧等强制性政策来推动。当有企业收购农业废弃物时，农户也会优先出售多余的农业废弃物。

现代大规模农业废弃物利用模式的主体包括规模化生产农户和专门的利用机构。规模化生产农户包括种植大户和养殖大户，专门的利用机构则包括能将农业废弃物进行再利用的企业。他们都面临着大量农业废弃物不处理则被政府监管部门严厉处罚的约束，因此在政府环境政策的监管下，被动地寻求农业废弃物的利用方法。当出现农业废弃物利用企业后，规模化生产农户就优先选择出售这一利用方式，将农业废弃物的利用任务“委托”给专门的利用公司。当公司处于非营利阶段时，农业废弃物利用相关企业的利用积极性也不高。

总之，传统农业生产方式下农户农业废弃物利用的积极性比现代农业生产方式下要高。传统农业生产方式下，农户农业废弃物利用行为主要靠农户自身推动，而现代农业生产方式下，农户的农业废弃物利用行为要依赖于政府、市场和农户自身等综合力量的推动。

3.5.2　农业废弃物利用效率的差异

传统小规模农业废弃物利用模式下，农业废弃物的利用率较高。秸秆被用于生活燃料、饲草、堆沤肥料、补房顶，畜禽粪便充当农作物肥料，农业废弃物几乎被完全利用，不存在剩余。因此也不存在秸秆焚烧和畜禽粪便被弃置的现象，也就是说，传统小规模农业废弃物利用模式下不存在“农业废弃物”。但农业废弃物利用的技术含量低，即资源化利用率较低，基本上都是非资源化利用方式，根本不进行除臭等无害化处理，秸秆直接燃烧，畜禽粪便直接施用于农田。专业化程度低，没有专门的农业废弃物利用机构。

现代小规模农业生产方式下，秸秆用于生活燃料、饲草、还田、堆沤肥料、弃置、焚烧等；畜禽粪便主要用于农作物肥料、户用沼气等。农业废弃物产量少，但利用率较低。但该利用模式的技术含量也低，基本上以非资源化利用为主，甚至还存在严重的秸秆焚烧和畜禽粪便任意堆放等危害环境的利用方式。农业废弃物利用的专业化程度较低，因为农户没有足够的农业废弃物可以出售。

现代大规模农业废弃物利用模式下，秸秆用于饲料、食用菌基料、还田、出售、规模化沼气；畜禽粪便用于出售、做有机肥料、规模化沼气。秸秆的利用率较低，还存在大量剩余，但资源化利用程度较高，因为利用方式的技术含量较高，在利用之前进行了农业废弃物初步的无害化处理，但有些技术还有待进一步提高。还出现了专门的农业废弃物收储机构和农业废弃物利用机构，说明农业废弃物利用的专业化程度有所提高。

总之，农业废弃物利用效率因农业废弃物利用规模而不同，小规模农业废弃物利用模式下，农业废弃物利用率比大规模利用模式下的高，但其利用的技术含量、无害化处理程度、资源化利用率以及专业化程度都比大规模下的低。

3.5.3　农业废弃物利用效益的差异

社会经济效益指的是农业废弃物利用的成本效益以及对农业生产和社会生活的影响。环境效益指的是农业废弃物利用模式对环境的正面或负面影响，包括对村容村貌、大气、水、土壤的潜在污染风险，是否实现种养平衡的循环经济理念等。

（1）在社会经济效益方面

传统农业废弃物利用模式下，农业废弃物的利用成本较低，只需要投入人力和畜力即可，也存在少量的农业废弃物买卖情况，但畜禽粪肥的运输、施用都要耗费人力、时间，因此利用效率低。此外，古代社会对秸秆、畜禽粪便的利用是简单的，未充分利用秸秆畜禽粪便中的营养成分，客观上造成这些生物质资源的浪费。传统小规模农业废弃物利用模式与传统社会经济发展水平相适应，保证了传统农业社会中农业生产的顺利进行，保障了农村居民生活用能。畜禽粪便、秸秆、农业生产与生活形成了一个物质循环系统，使得秸秆和畜禽粪便可以在系统内部被再利用。其次，保证粮食安全和食品安全。畜禽粪便食用的饲料为天然植物或其加工物，未添加任何饲料添加剂，对于农田不存在重金属等危害，堆沤过的畜禽粪肥，还可以提高土壤肥力，增加作物产量，减少饥荒。同时，所生产的畜产品完全是绿色的，不会对人类身体造成危害。

现代小规模农业废弃物利用模式下，农业废弃物的利用成本较低，只需要投入人力、畜力或少量机械力即可，以潜在污染风险为代价，部分地解决了农户的饲料、燃料和肥料需求。但这种利用方式已经与当代社会经济发展水平不适应，不利于当代农业生产效率的提高，不能满足日益增长的对农畜产品的增长需求，但能够保证小规模生产农户的自给自足和农业废弃物的自我处理。

现代大规模农业废弃物利用模式运用了高新技术，以较低成本消耗了种植、养殖大户的一部分农业废弃物，并增加了农户收入；但需要投入大量的资金、人力、机械力和技术人员，虽然农业废弃物的买卖市场已经建立，但出售之前运输、人工等预处理成本也较高，使得仍有大量农业废弃物无法被资源化利用。

（2）在环境效益方面

传统小规模农业废弃物利用模式下，农业废弃物完全被循环利用，不存在大量剩余。但是，秸秆作燃料焚烧和畜禽粪便的臭气直接排放至空气中，对大气造成污染。所幸古代农业社会几乎没有工业烟尘排放，所以大气基本上可以消解农业废弃物利用过程排放的污染物质，不会有严重的大气污染问题。由于秸秆草木灰和畜禽粪便中没有添加任何化工添加剂，所以施用于农田后，不会对土壤造成重金属和抗生素等污染。农户拾粪的习惯，有利于村庄道路上农业废弃物的清扫；但是农户将畜禽粪便堆放在院落堆沤肥料，不进行任何除臭处理，影响农户庭院卫生，更重要的是难以避免鼠、虫和瘟疫的危害。秸秆用作生活燃料，其烟雾严重危害人类的眼部和肺部，尤其危害着家庭中负责炊事的女性的身体健康。

现代小规模农业废弃物利用模式下，由于农业废弃物利用产量较低，尤其是交通便利的地方，农户的生产生活内部基本上可以实现农业废弃物的种养平衡。在政府监管下，畜禽粪便也能避免被任意堆放在农户院落或村落公共空间内，秸秆焚烧现象也能一定程度上减少，有利于大气污染程度的降低，同时，也有利于村庄道路等公共空间的清洁。但农户的畜禽养殖难以避免使用工业饲料和饲料添加剂等行为，也就难以控制畜禽粪便的重金属和抗生素含量，若将畜禽粪便直接施入农田或冲入水体，则存在土壤、水体被污染的风险。畜禽粪便在出售、施入农田之前，不进行除臭处理，而是进行简单地堆沤或者摊开晾晒，散发的臭气对大气的污染丝毫不能减轻，也难以避免鼠虫疫的危害，危及人畜健康。

现代大规模农业废弃物利用模式下，农业废弃物利用主体的压力较大。首先，由于农业专业化程度的提高，养殖业和种植业往往被规划到不同的地理位置，造成种植业和养殖业的空间隔离，不利于种养平衡的实现，使得农业废弃物的处理更加困难。其次，养殖业大多采用先进的管理流程，为了有效地进行畜禽疾病的预防，猪、牛养殖场大多采用水冲式方式处理牛粪和猪粪，粪污水难免渗入土壤、冲入水体中，大量的畜禽粪便含重金属、抗生素、病菌等有害化学成分，若直接施用于农田或排入水体，则会造成严重的土壤、水体污染。养殖场集中的地区，臭气熏天，严重影响了所在区域的大气环境。再次，大量农业废弃物的利用，需要大成本，这也是规模化农业生产者的巨大经济负担。

总之，小规模农业废弃物利用模式的成本低，但不能与飞速发展的农业生产力相匹配，大规模农业废弃物利用模式下农业废弃物的资源化利用率较高，但存在技术和成本瓶颈。传统小规模农业废弃物利用方式对大气、土壤和水的污染程度比现代农业废弃物利用模式下的低；对社会经济发展的促进作用也较大。大规模农业废弃物利用模式对大气、土壤和水的污染风险比小规模农业废弃物利用模式下的高得多。

3.5.4 不同农业废弃物利用模式的发展趋势

3.5.4.1 传统小规模农业废弃物利用模式对当代的启示

传统农业社会，一家一户的小规模经营方式下，农户可以实现种养平衡，不存在“农业废弃物”的说法，但秸秆、畜禽粪便的生物质养分并未得到充分利用。因此，虽然说传统农业社会农业废弃物的非资源化利用率很低，但是该利用模式与当时农业生产力低下、生产效率低的农业生产方式是互相适合的，客观上形成了农业和农村生活的废弃物再循环利用系统。在没有工业化肥、现代能源的冲击下，这个传统的农业废弃物循环系统是有利于当时农业生产和农村生活水平提高的。值得注意的是，传统农业废弃物利用模式的循环经济理念为当代农业废弃物利用提供了可借鉴的思路：

第一，农业生产的基本原则是因地制宜。农业地理环境是传统农业生产效率的决定性因素；到了近现代社会，由于工业、科技手段加入农业生产，导致地理环境对农业生产的影响、制约作用逐步降低，但农业生产区域化、专业化仍然是农业现代化的基本特征之一（樊志民，2004），现代农业生产布局规划仍然要强调因地制宜、发挥自然经济技术优势。

第二，生态农业模式有利于农业的可持续发展。中国传统农业体系中的相对优势一直保持到了 19 世纪中期，即明清时期，在农田水利、多熟种植、肥料使用等精耕细作体系、域外高产作物引种推广及生态农业等诸多方面都有较大发展和创新，所以，中国传统农户经营制度并未成为农业现代化的障碍（王思明，2014）。明清时期创造出了许多高效的生态农业模式，比如西北关中地区粮、草、畜相结合的农牧生产方式（普遍大量种植苜蓿，用作动物饲料、肥田和蔬菜），南方太湖地区的羊桑互养、田猪互养、稻田养鸭、稻田养鱼等生态模式（王思明，2014）。中国传统农业社会中，农民这种重视物质循环利用的生产方式，保证了中国农田在经历了数千年被耕垦后，不仅地力没有减退，反而越种越肥沃（王思明，2014）。因此，传统小规模农业废弃物利用模式，渗透着天人合一的生态思想，值得当代农业废弃物利用借鉴。

3.5.4.2　现代小规模农业废弃物利用模式将逐渐远离主流趋势

现代小规模农业废弃物利用模式可以看作是传统小规模农业废弃物利用模式在现代农业中的继承和延伸，但其社会功能已经发生了转变。在现代社会的农业小规模生产方式下，农户对秸秆和畜禽粪便的利用方式与传统农业社会的利用方式之间无明显差异，秸秆主要是焚烧、直接还田等低效率的就地处理方式，少量用于做饭能源和家畜饲养；畜禽粪便利用方式主要以肥料、沼气为主。除了沼气是政府大力推广的结果外，农户主动选择的农业废弃物利用方式都是传统利用方式。这说明，选择以非资源化利用方式为主的废弃物利用模式，是种植规模和养殖规模较小的生产方式下农户理性博弈的结果。事实证明，主要由政府推广、农户被动建设的户用沼气设备，其继续使用率并不高，其重要原因之一就是由于种植、养殖规模小导致的原料不足。随着全球大气、水和土壤环境的日益恶化，全世界都致力于减少温室气体排放、减少水体污染和土壤污染，以实现社会经济可持续发展，因此各国对环境监管的力度加大。现代小规模农业废弃物利用模式无法避免潜在的环境污染风险，这是可持续发展所不允许的。又随着农业生产的专业化、市场化、规模化程度的不断提高，农村城镇化步伐的加快，小规模生产农户的数量将越来越少，与之相应的现代小规模农业废弃物利用模式将会逐步被资源化利用率较高的现代大规模农业废弃物利用模式所取代。

3.5.4.3　现代大规模农业废弃物利用模式是农业废弃物利用的未来趋势

现代规模化农业生产方式下每年农业生产制造的大量废弃物，需要现代大规模农业废弃物利用模式与之相应。虽然现代大规模农业废弃物利用模式还存在诸多问题，但以其利用数量大、资源化利用率高、对环境的潜在危害小等优点，将是未来陕西农业废弃物利用的主要发展趋势。随着与农业废弃物资源化利用相关的高新技术的不断突破、农业废弃物利用市场和相关利用产业的不断成熟、农户环境意识和利用积极性的提高，现代大规模农业废弃物利用模式的利用成本将不断降低、利润不断提高，有助于不断提高全省农业废弃物的资源化利用率。

第四章　陕西农业废弃物资源化利用存在的问题

4.1　农业废弃物利用成本高

农业废弃物利用的高成本，主要表现为收储运成本和产品价格过高，这使得农户、企业缺乏利用的积极性。

4.1.1　农业废弃物再生产品的价格高

以畜禽粪便堆肥后生产的基质为例，基质是苗木培育的理想肥料，但由于基质的价格较高，只能限量使用，不能满足育苗行业大规模育苗的基质需求。杨凌示范区五泉镇农业企业孵化园中一个被访的大棚种植农户表示，他们主要从武功、杨凌等周边地区就近获得畜禽粪料，也有固定送货单位，一个甜瓜棚一年产 0.6～0.7 吨，肥料是产量和收入的保障，因此，若畜粪太贵，则干脆改用化肥。

4.1.2　农业废弃物的收购价格、运输成本和加工成本较高

以菌类产业为例，食用菌基料的主要原料为玉米芯和棉籽皮，陕西的棉花种植规模较小，所产棉籽皮供不应求，陕西食用菌企业只能以高运费从外地收购。杨凌 KN 菌业有限公司原料主要来自新疆，路途遥远，运费高。杨凌 PC 生物技术研究所的食用菌原料主要来自本地，尤其是周边农村，偶尔用外地的原料，原料基本上自己加工，但是原料收集、运输的代价也较大。同时，农产品市场中，食用菌类产品价格太低，加上食用菌的生产具有季节性，交通不便利的山区，农业废弃物的运输成本更高，高温季节不能生产，因此公司经营利润较低。在交通方便、农业发达的关中地区，农业废弃物利用的成本较低。但陕北、陕南地区，一方面，许多畜禽养殖场远离农户居住地区，养殖场对畜禽粪便进行资源化利用剩余的沼气、沼液无法远距离输送给农户使用，造成浪费；另一方面，秸秆从坡地运输到大路边，人力、资金成本也比较高。此外，

农业废弃物的收购价格也比较高。陕西几家年收储1万～5万吨的秸秆收储公司，其麦秸收集、打捆与运输的平均成本为320～340元/吨，而秸秆利用企业的收购价仅300元/吨（2009年），秸秆收储企业往往呈亏损状态（惠立峰，2007）。

4.2 农业废弃物利用存在技术瓶颈

目前较为成熟的农业废弃物利用技术包括有机肥技术和沼气技术，也是中国政府大力推广的技术。但这些技术还存在有待改进的地方。

4.2.1 农业废弃物利用技术的核心环节有待突破

以沼气技术为例。沼气技术是政府大力推广的农业废弃物利用技术，在陕西农村普及率较高。陕西农村沼气工程的建造资金和材料主要来自于政府，少量源自农户。即使在农户投入财力较少的情况下，农户的沼气利用积极性仍旧不高，导致荒废率较高。2011和2014调查数据显示：农户沼气荒废的原因主要是沼气利用效率太低（41.75%）、缺乏原料（30.45%）和不会使用（27.8%）；农户希望沼气技术取得突破的方面包括（总应答频次为93）：沼气的燃烧效率（43.0%）、便利性（21.5%）、后续技术服务（11.8%）、价格（11.8%）、安全性（9.7%）和环保性（2.2%）。可见，沼气使用效率低主要受技术和原料的影响，这反映出沼气技术的待提高之处和技术适宜性问题。沼气技术有待突破之处在于：首先，沼气燃烧效率有待改进。汉中农村户用沼气在夏天能煮一顿稀饭或烧两壶开水，夏天天热时还可以用于厨房晚上照明，冬天基本不产气。虽然目前研发出了低温生物菌剂，可以在冬季低温时促使沼气发酵，但这些菌剂价格过高、尚未上市或者技术尚不成熟。其次，沼气操作便利性及技术的易掌握性有待提高。受农户自身学习能力、闲暇时间等因素的影响，农户对沼气技术的掌握不充分，致使他们不能进行日常应用和维护的操作。41.7%的人表示“没时间管理”，14.6%的人感觉“管理过程繁琐”，仅有33.3%的认为“管理比较简单”，另有10.4%的人有“其他”看法，但未说明。因为户主大多外出打工并“遥控”家里的事务，妻儿及老年人不愿意操心沼气使用方面的事情，认为这是户主应该操心的事情，所以选择将沼气设备弃之不用。

再以有机肥技术为例。有机肥技术中，有机基质的产品质量不稳定。以畜禽粪便为原料生产的基质，其质量缺乏稳定性，每一批产品的有机物含量不尽相同，使得育苗者难以掌握使用量，容易造成烧苗或养分不足等问题，带来一定的经济损失。比如，陕西省果树良种苗木繁育中心，本来用杨凌 Lk 生态工程有限公司的生物基质，但由于质量不稳定，第二次使用的烧了苗，因此放弃使用，转而选用远距离的东北地区的基质原料，如此又存在运输成本增加、产品成本增加等一系列问题。

4.2.2　部分农业废弃物利用技术的地区适宜性降低

仍旧以沼气技术为例，要考虑的问题是，户用沼气是否真的能够满足农村能源结构优化的需求？首先，原料不足或原料的获得成本较高，使得农户的户用沼气设备“难为无米之炊”。2011 和 2014 调查数据显示：农户沼气池原料来源于自己家的原料（79.6%）、从外面购买（18.4%）、别人供给（2.0%）。汉中农户从地里将秸秆背回家，要铡碎，然后装进沼气池，这个工作量本来不算大，但与使用煤球和电磁炉相比，劳动量就比较大，加上山区的耕地距离屋舍较远，工作量就更大了。由于小规模养殖的成本较高利润低，因此农户大多不养殖畜禽，故畜禽粪便产量过少。至于购买原料，不但不划算且无处可购买。2011 调查的被访农户，其做饭所用能源为电 54.9%、薪柴 18.7%、煤球或煤块 12.1%、天然气或煤气 4.4%、太阳能 5.5%，沼气仅占 4.4%；若沼气可以装罐且价格比煤气便宜，则 65%的被访农户表示愿意使用灌装沼气。其次，相比较而言，用电做饭，清洁、环保、操作简单方便，因此受到农户的青睐。可见，户用沼气技术并不适宜于所有农户。研究表明，以非农收入为主要收入来源的农户、渔业和农产品流通经营农户，由于缺少沼气原料且购买商品能源的经济能力强，他们不适宜发展户用沼气；煤炭、太阳能、风能、水电资源富集地区，也不适合将沼气作为发展重点（赵佐平等，2014）。此外，在以政府为主导的农业废弃物利用技术推广模式下，农户缺少技术选择的话语权，政府所选择的利用技术不一定具有普适性，导致农户的利用积极性难以提高。

4.2.3　被广泛采用的农业废弃物利用技术不够多元

被广泛推广采用的农业废弃物利用技术较为单一，仅有沼气、还田、有机肥等，这些技术远不能满足市场对多元化产品的需求。因此，有待于其他技术的研发与推广。像秸秆氢气、秸秆柴油、秸秆建材等技术，对优化陕西省能源结构、节能减排，都有积极的意义，但这些技术在降低成本，提高产品性能及技术普适性等方面，都需要进一步提高。

4.2.4 现有农业废弃物利用技术存在环境隐患

无论是拥有资金实力的大型养殖场，还是缺乏资金的小型养殖场，在出售畜禽粪便之前，都未将畜禽粪便进行除臭处理，而是简单晾晒。有的难以避免臭味气体向空气中扩散，难以解决老鼠、蚊蝇等环境问题；也破坏了畜禽粪便中的养分，进而降低了有机肥的质量，难以避免环境污染隐患。种植大户利用畜禽粪便还存在一个难题，就是他们往往直接将养殖场的畜禽粪便放到地里，事先不经除臭处理，这将增加大棚温室气体的排放，造成大气污染，也会危害大棚作业人员的身体健康。再说秸秆板材业，秸秆被粉碎后，需要胶粘合、压实成型，如果胶含有甲醛等有害气体，则也存在环境隐患。

4.3 农业废弃物利用主体的积极性与环境意识低

4.3.1 农户被动地进行农业废弃物的资源化利用

农户的积极主动性对沼气设备的继续使用和维护具有重要的影响。以2011调查中汉中市雷家巷和余观村为例，这两个村的农户建造沼气的资金来源方面则存在差异。雷家巷农户的沼气池建造，各级政府投入较多，每户可以获得政府500元补贴，或是相应价值的水泥、砖块等实物，农户只需要出一部分工人的雇佣费即可。在这样优惠的政策推动下，很多农户都建立起了沼气池。然而，该地沼气池并没有得到很好的使用和发展，部分农户的沼气池已经不再使用或是已经填埋。余观村的情况恰恰相反，农户建设沼气是因为政府下达了户用沼气建设数量指标，农户需要自己出钱、出料建设沼气，面临较大的资金压力，而且建造过程缺乏技术员的有效指导。但正是由于农户自己出钱，沼气的继续使用率较高。可见，农户自己出资建造沼气，其沼气使用的积极性提高了，有利于该村沼气持续利用率的提高。

4.3.2 农户对农业废弃物利用方式的选择缺少环境效益的考虑

秸秆弃置、田间焚烧或用于生活燃料，畜禽粪便直接施于农田或冲入水体，秸秆和畜禽粪便直接出售，这些农户选择比例比较多的农业废弃物利用方式，皆为低成本、处理便利性强，但是环境污染危害或潜在危害比较大的非资源化利用方式。说明农户将农业废弃物当作废弃物来对待，完全按照农户自身利益的考虑来选择他们认为合理的农业废弃物利用方式。可见，农户并不考虑农业废弃物利用方式的环境效益。

4.3.3 农户对农业废弃物利用政策的知晓度或执行效果评价低

农户对农业废弃物利用政策的知晓度低或者执行效果评价低，也是农户对农业废弃物利用缺乏主动性的表现。目前，陕西农业废弃物资源化利用主要靠政府推动，而农户对政府所推广技术的抵制，对政策不关心而知晓度低，对政策执行效果的评价低，都说明农户不愿意配合政府的相关政策措施。2011 调查中，在对沼气建设相关政策知晓度方面，当被问到“当地政府对建造沼气池有无补贴”时，87.8％回答有，12.2％的人说没有，说明仍有少量的人对政策的认知程度较低，因为汉中市政府对农村户用沼气建设是有补贴的。在政策评价方面，对于汉中市对户用沼气建设的补贴力度，认为政府补贴力度太小的占 41.8％，一般的占 54.2％，认为较大的仅占 4.2％。在问到政府禁烧政策的执行力度时，农户表示，一开始政府工作人员的秸秆禁烧力度较大，甚至在田间搭床来执行禁烧令。但时间长了也就不灵了，农户照样烧，最后政府改为规定禁烧日期，即，在某几天不允许烧。可见，农户对秸秆禁烧政策的执行效果并不看好。农户对相关政策知晓度和评价对政府农业废弃物利用政策的执行极为不利。

4.4 农业废弃物利用的产业与市场初步建成但不成熟

虽然出现专门的农业废弃物利用市场，但处于起步阶段（表 4－1）。

表 4－1 陕西农业废弃物利用市场的基本情况

供货方	产品	供货方支付的内容	收货方	收货方支付的内容
畜禽养殖农户或者企业	液态畜禽粪便	免费	养殖场周边农户；苗木培育农户或企业	运费
	固态畜禽粪便	请人将畜禽粪便摊开晾晒、装车的人工费；运费	有机肥生产企业	畜禽粪便的收购费用

（续）

供货方	产品	供货方支付的内容	收货方	收货方支付的内容
秸秆生产者	秸秆	秸秆打捆或粉碎的人工费、机械费；运费	食用菌生产企业；秸秆板材生产企业等	秸秆原料的收购费用
畜禽粪便有机肥生产企业	有机堆肥；有机基质	原料收购成本；生产成本；工资；运费（有时需要支付）；营销费	苗木培育农户或企业；大棚种植户	有机堆肥有机基质产品购买费；运费（有时需要支付）

由表 4－1 可见，目前，陕西初步建立起来的农业废弃物利用市场，供货方主要包括农业废弃物生产者和农工业废弃物加工者，而收货方则是果树苗木培育者、有机肥生产企业和食用菌培育企业等，有的供货者同时也是收货者，比如有机肥生产企业。供货方与收货方的交易促进了农业废弃物的资源化利用率。但该市场还存在需要完善的地方，包括以下几点：

4.4.1 农业废弃物利用相关产业尚未“断奶”

有机堆肥、秸秆气化等农业废弃物利用企业，目前处于发展的起步阶段，受到政府在资金、政策等方面的大力支持。

以杨凌现代农业示范园区的建设为例。该园区建设的目的是作为现代农业循环经济的全国性示范园区。图 4－1 为杨凌现代农业示范园区产业布局图，图中各数字代表不同的农业区，“1”为万亩标准化蔬菜生产示范基地、“2”为万亩标准化经济林果生产示范基地、“3”为万头肉牛奶牛良种繁育基地、“4”为 20 万头良种猪繁育基地、“5”为万亩精品苗木繁育基地、“6”为千亩小麦良种繁育基地、“7”为千亩名优花卉生产示范基地、“8”为万吨食用菌生产示范基地。“3”和“4”作为养殖产业区，其周围都有种植产业，种植产业可以吸收养殖业的畜禽粪便，在畜禽粪便的运输范围之内，食用菌产业在种植业秸秆和木屑等废弃物的运输范围内，可以实现畜禽粪便和秸秆等农业废弃物在区域内的消化。可见，在产业布局方面，充分考虑了种养平衡及农业废弃物的就地资源化利用。若根据表 4－2 的类型划分，则杨凌示范区的产业布局规划是综合了经济区划、农业区划、生态区划在内的综合区划，符合可持续发展的理念，有利于农业废弃物的循环利用。

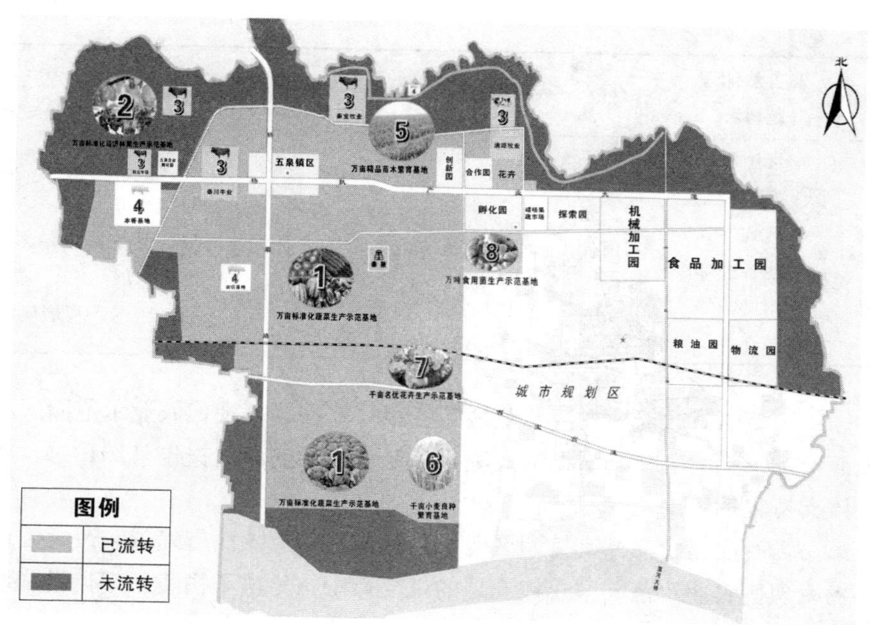

图 4－1　杨凌现代农业示范园区土地流转及产业布局图

表 4－2　不同类型区划比较

（王金南等，2011）

比较项	自然地理区划	生态区划	农业区划	林业区划	土壤区划	经济区划	主体功能区划
区划类型	综合区划	综合区划	部门区划	部门区划	部门区划	部门区划	综合区划
主要依据	自然地理环境及其组成成分在空间分布的差异性及相似性	区域生态要素、生态环境敏感性与生态功能服务空间的分异规律	农业生产特点的相对一致性与区间差异性	林业分布的地区差异性	不同地区土壤组合的改良利用途径	国家经济社会的发展目标及任务分工	统筹考虑未来人口分布、经济布局、国土利用及城镇化格局
区划目的	为农业及社会生产活动服务	为生态省建设和制定生态保护规划提供依据	充分合理开发利用农业资源	促进林业布局	土壤改良利用	揭示各地区专业化发展的方向和经济结构的特征	协调经济社会发展与人口资源环境间矛盾

（续）

比较项	自然地理区划	生态区划	农业区划	林业区划	土壤区划	经济区划	主体功能区划
服务对象	资源与开发、农业区划、其他各种部门区划基础	生态环境保护、充分利用各区域生态服务功能	农业生产	农业生产	农业生产	产业布局、经济分区、经济发展战略	经济发展规划、产业结构布局、城市发展规划

国家、陕西省政府、杨凌示范区等各级政府在杨凌现代农业示范园区的建设方面给予了大力支持。根据《杨凌示范区审计局的调查报告（2010）》，政府的具体支持包括：

第一，专门出台文件支持园区建设。陕西省的《陕西省发展和改革委员会关于杨凌现代农业示范园区总体规划的批复》中，给出了杨陵区现代设施农业的总体规划。即，具体实施种苗产业园和标准化生产示范园两大园区，涵盖设施农业、良种小麦、奶肉牛、商品猪、精品苗木、经济林果、名优花卉、食用菌等八大产业。

第二，保障园区用地。杨凌示范区为了保障现代农业示范园区的大量土地需求，创新性地出台了土地银行政策，以保证土地加速流转。所谓土地银行，指的是由村两委会推荐，群众选举产生土地银行理事会、监事会及理事长、监事长负责辖区内土地银行的日常管理、监督及纠纷解决；农户将土地“存入”土地银行并签订《农村土地承包经营权委托流转协议书》，再由土地银行与租用土地的专业合作社、入园企业签订《农村土地承包经营权租赁合同》，同时由土地银行按照合同约定收取土地租金并兑付给农户，免租和减租企业地租由政府承担。由图 4-1 可见，杨凌主要的农业区中，已流转的土地比未流转的土地面积大，土地流转率较高，保证了现代农业示范园区的建设。截止 2010 年 6 月 30 日，现代农业示范园区共成立土地银行 33 家，流转土地面积 2.76 万亩（其中设施农业基地 14 073 亩，入园企业 11 190 亩，核心园区 2 347 亩），涉及 3 个乡镇，33 个行政村的 8 000 余农户；组建专业合作社 120 个，建设日光温室折合标准棚 2 693 座（自然棚 1 456 座总长 134 652.50 米），建设塑料大棚 1 634 座占地 2 912.478 亩。

第三，政府投入园区建设和运转资金。2010 年，上级拨入专款 12 200.00

万元、本级财政资金 2 507.00 万元、项目捆绑资金 2 598.78 万元。建工程项目支出 95 420 806.62 元，其中农户补助 44 415 256.50 元、设施农业基地、苗木花卉基地、秦川牛基地、生猪养殖基地、赛德公司项目、澳源牧业、秦宝牧业等企业的青苗补助费用 12 785 777.82 元和地租款 5 468 054.60 元；大棚入社奖励资金 106 000.00 元；生猪养殖基地迁坟费用 25 900.00 元；猪厂建设补助 1 460 000.00 元；牛场赔付 1 496 385.00 元；设施农业基地、农户补助、生猪养殖基地、秦宝牧业等项目果树苗木赔付 4 957 205.65 元；政策性补助 1 818 256.14元；苗木花卉基地购苗木及种苗 131 900.00 元；征地费 515 310.00元；生猪养殖基地生猪实训 240 000.00 元；猪倌实训基地支出 11 069 250.20元；入园企业项目支出 384 226.80 元。可见，政府对养殖、苗木等行业的补助力度非常大。

在政府的大力支持下，杨凌现代农业示范园区充分发挥了现代农业核心示范作用，吸引了本香集团、秦川牛业、新西兰环球园艺等国内外知名农业龙头企业落户，促进了农民增收，提供大量就业岗位。与杨凌示范区在全国的示范性地位相同，日本的枥木县、静冈县是日本政府投入建立的科技攻关与示范点。枥木县奶牛养殖场、猪养殖场的平均饲养规模仅为 53.1 头，平均养殖数量为 1 898 头。枥木县的高根泽町土壤肥料改良中心，国家总投资超过 7 亿日元，年运行费用 3 800 万日元，每天可处理牛粪便 17 吨、有机生活垃圾 2 吨，每年可生产有机堆肥 2 550 吨，并以低价出售给农民，收支缺口主要由政府补贴（浙江省农业厅，2008）。静冈县天城放牧场排泄物处理中心利用沼气技术处理奶牛场的粪污，所产沼气用于发电，沼液、沼渣用作有机肥（浙江省农业厅，2008）。在国家几亿日元科研经费的资助下，静冈县畜产研究所中小家畜研究中心排泄物处理技术实验室，研究采用超临界水技术处理畜禽粪便的技术，但该技术的成本较高。日本的经验同样告诉我们，政府投入是畜禽养殖污染治理的保障。政府加大投资力度，降低技术成本，加强科研攻关，是进一步提高科技攻关和示范作用的重点。

但杨凌现代农业示范园区也面临一些困境。其一，园区建设周期长、投入大，园区建设资金仍然十分有限，可持续发展困难。其二，由于园区建设时间不长，自我积累、自我发展的能力弱，对周边农村地区的农业科技转化方面发挥的作用有限。其三，未明确政府投入资产的产权后续管理及安全问题，园区公共资产流失现象严重。

可见，农业废弃物利用企业如果不加大技术开发力度、提高产品性能，逐渐培养自主盈利的能力，则一担政府财力紧张，压缩了环境保护的资金，则企业就难以持续发展，客观上就无法完成区域内农业废弃物资源化利用的艰巨任务。因此，农业废弃物利用企业需要对政府的支持“断奶”。

4.4.2 农业废弃物收储运市场有待完善

收储运市场是农业废弃物买卖双方的中间环节，在农业废弃物利用方面具有关键作用。然而，农业废弃物的收储运市场不景气。2005 年以前，陕西秸秆收储主体主要是农户和一些小型收储组织。随着一些大型秸秆利用企业的入驻，形成了秸秆集约化机械收储体系，在全省的收集量约为 1 400 万吨/年，其中一半为农户收集自用，另一半则被收购；截止 2010 年，全省有 20 余家专业秸秆收储公司和合作社，拥有秸秆捡拾打捆机 600 台左右，年收储能力均在 0.5 万～10 万吨之间（朱新华和杨中平，2011）。陕西省秸秆收储物流体系主要有自收自用模式、分散收储模式和集约化收储模式三种模式，前两种模式的收储量占总收储量的 90%，集约化收储模式仅占 10%（惠立峰，2007）。陕西秸秆利用企业运转不利导致秸秆收储体系缺乏动力。自 2006 年以来，陕西陆续启动的秸秆发电企业、以麦秸为原料造纸行业等多家秸秆利用企业，因环保和成本等原因，运转不利，直接影响了陕西省秸秆收储规模。全省 20 余家秸秆收储组织，其收储总量远不能覆盖省内秸秆主要产区（惠立峰，2007）。此外，由表 4 - 1 可见，农业废弃物的运费主要由卖方市场承担，也就使得农业废弃物的出售方不得不考虑运费成本，对其出售量有一定影响。

第五章　陕西农业废弃物利用的影响因素与机制

本章主要探索农业废弃物利用的影响因素及各因素的影响机制。从微观层次看，农业废弃物利用的主体以农户为主，包括大规模生产和小规模生产农户，任何农业废弃物利用政策的实施，最终要依赖于农户的行为才能实现。从宏观层面看，一个地区农业废弃物的利用，受该地区自然条件、社会经济条件的综合影响。本章以秸秆利用为例，以前期调查数据为研究资料，通过实证模型的分析，从微观层面了解农户农业废弃物利用行为的影响因素与机制。并从宏观理论层面尝试分析农业废弃物利用的影响因素与机制。

5.1　陕西农户农业废弃物利用行为影响因素的实证模型分析

为了科学探讨陕西秸秆资源利用现状的限制性因素，基于 2009 年调查数据，建立了农户对作物秸秆资源化利用方式的实证模型，并运用 SPSS19.0 软件分析处理结果。

5.1.1　理论假设与模型构建

作物秸秆资源化利用是指借助科学技术手段对作物秸秆进行处理利用的过程，这一过程能够最大幅度地减少秸秆燃烧和弃置的各类环境危害，最大限度地增加秸秆燃烧的热能利用率，并能将秸秆自身包含的化学、生物等有机成分运用于有利于农业生产和社会发展的领域中。作物秸秆资源化利用的行动者是农户，影响农户对秸秆资源化利用的因素可能包括以下几方面（表 5 -1）：

（1）农户个人特征因素：性别、文化程度、户主年龄、是否党员、是否村干部。农户个人素质和社会角色决定了其对秸秆综合利用的认识，从而决定了他们对秸秆处理方式的选择。

（2）农户的社会经济因素：是否有非农职业、收入结构（农业收入占家庭总收入的比例）、是否有养殖业、种植规模、家庭决策方式。农户家庭的社会经济条件可能制约其秸秆资源化利用方式的选择。

（3）农户主观因素：是否知道秸秆资源化利用对环境的好处、是否知道秸秆可以资源化利用、对秸秆资源化利用途径的知晓度、秸秆资源化利用意愿。农户相关的知识背景和环保意识是影响农户作物秸秆综合利用的重要因素，因为如果主观认识不到位，就难以形成主动的客观行为。

（4）对秸秆资源化利用的效益预期。基于经济学理性人的假设，小农的效益预期是他们行为的主要驱动力之一。

（5）环境因素：当地是否有秸秆加工企业、是否有秸秆资源化利用补贴、是否有较可行的秸秆资源化利用技术、当地农业机械化水平、政府宣传力度的影响、政府禁烧与查处力度的影响、周围人秸秆处理行为的影响。

（6）地域状况：陕南、陕北、关中的自然地理条件、气候、种植养殖结构存在差异，社会经济发展水平也存在差异，这些因素构成的地域状况会影响当地农业废弃物资源化利用的模式、效率等。

基于以上分析，建立农户是否对作物秸秆采取资源化利用方式的理论模型，即：假设农户是否对作物秸秆采取资源化利用方式处理（Y）$=F$（农户个人因素，农户的社会经济因素，农户主观认识因素，农户效益预期因素，地理环境因素）。该模型中，因变量 Y 取值为：Y＝0 表示"对作物秸秆采取非资源化利用的方式处理"，包括弃置、露天焚烧和做生活燃料（烧炕、做饭等直接燃烧方式）；$Y=1$ 表示"对作物秸秆采取资源化利用方式处理"，包括秸秆还田、做饲料、制沼气、出售等利用途径。对于该典型的二元选择问题，宜采用 Logistic 模型进行分析。为了便于进行数据处理，将 Logistic 模型的数学表达形式写为：

$$P=1/\left[1+\exp\left(-B_0+\sum B_i X_i\right)\right]$$

其中：P 为"对作物秸秆采用资源化利用方式处理"的概率（也就是事件 $Y=1$ 发生的概率）；B_i 表示因素的回归系数，B_0 是回归截距；X_i 是自变量，表示影响农户是否采用作物秸秆资源化利用方式的各种因素。Y 值的变化取决于解释变量 X_i 的共同作用。模型中的变量、变量的取值、变量的层次以及变量与因变量 Y 之间的关系见表 5－1。

表 5-1　模型中的变量及其说明

变　　量		变量的取值	变量层次	与 Y 的关系
因变量（Y）	农户是否对作物秸秆采用资源化利用的方式处理	0=对作物秸秆采用非资源化利用的方式处理；1=对作物秸秆采用资源化利用的方式处理	定类	因变量
农户个人特征	性别	1=女性；2=男性	定类	正相关
	文化程度	1=文盲；2=小学；3=初中；4=高中及以上	定序	正相关
	户主年龄	连续变量（单位：岁）	定距	正相关
	是否党员	1=否；2=是	定类	正相关
	是否村干部	1=否；2=是	定类	负相关
农户社会经济条件	是否有非农职业	1=否；2=是	定类	负相关
	收入结构（农业收入占家庭总收入的比例）	1=25%以下；2=25%～49%；3=50%～75%；4=75%以上	定距	负相关
	是否有养殖业	1=否；2=是	定类	正相关
	种植规模	连续变量（单位：亩）	定距	正相关
	家庭决策方式	1=男性；2=男女共同决策；3=女性	定类	正相关
农户的认识	是否知道秸秆资源化利用对环境的好处	1=不了解；2=有点了解；3=较了解	定序	正相关
	是否知道秸秆可以资源化利用	1=否；2=是	定序	正相关
	对秸秆资源化利用途径的知晓度	1=不了解；2=有点了解；3=较了解	定序	正相关
	秸秆资源化利用意愿	1=不希望；2=希望	定序	正相关
农户收益预期	对秸秆资源化利用的效益预期	1=负收益；2=零收益；3=正收益	定序	正相关
环境因素	当地是否有秸秆加工企业	1=否；2=是	定序	正相关
	是否有秸秆资源化利用补贴	1=否；2=是	定序	正相关
	是否有较可行的秸秆资源化利用技术	1=否；2=是	定序	正相关
	当地农业机械化水平	1=较低；2=一般；3=较高	定序	正相关

（续）

	变　量	变量的取值	变量层次	与Y的关系
环境因素	政府宣传力度的影响	1＝基本没有影响；2＝有一些影响；3＝影响较大；4＝影响很大	定序	正相关
	政府禁烧与查处力度的影响	1＝基本没有影响；2＝有一些影响；3＝影响较大；4＝影响很大	定序	正相关
	周围人秸秆处理行为的影响	1＝基本没有影响；2＝有一些影响；3＝影响较大；4＝影响很大	定序	正相关
地域状况	所在地区	1＝陕北；2＝陕南；3＝关中	定类	正相关

在模型分析的操作中，先将农户对秸秆的利用方式的影响因素分成六大块，每一块代表一个方面的影响因素；然后将影响因素逐块加入方程，做成嵌套模型，得到最终的解释模型；最后结合各步骤模型综合检验结果和最终模型中各解释变量的回归系数及其检验结果，判断模型的拟合程度，检验出农户是否对作物秸秆采取资源化利用方式的影响因素。

5.1.2 研究结果与分析

农户对作物秸秆利用方式的形成机制模型及研究结果见表5－2。表5－2中，随着模型从步骤1到步骤6的变化，－2对数似然值（－2Log likelihood value）逐渐减小，Nagelkerke R2值逐渐增加，卡方值（Chi－square value）逐渐增加且其显著性概率（significance probability）都为0.000，说明各步骤增加的变量对模型解释的贡献增加。最终模型的卡方值为156.611，显著性为0.000，说明跟截距模型相比，模型的－2对数似然值的减少量较大，模型的拟合优度较好，可解释掉因变量38.4％的变差（Nagelkerke R2值0.384），解释力较强。模型检验结果显示，性别、文化程度、有否村干部、收入结构、有否养殖业、对秸秆用途的知晓度、对秸秆综合利用的效益预期、当地有否加工企业或资源化利用公司、是否有较可行的秸秆综合利用技术、当地农业机械化水平、政府禁烧与查处力度以及地域状况等因素均对因变量具有显著影响。

究其原因，可能是由于男性一般为家庭主要决策者，对秸秆综合利用知识了解较多，因而比女性更易发生秸秆综合利用行为。而文化程度较高者，较容易接受秸秆综合利用新技术。村干部由于对国家秸秆禁烧和鼓励秸秆综合利用的政策及相关技术的信息掌握较多，因而容易对秸秆进行综合利用，并获取一定利益。而家庭收入中以非农收入为主要来源的农户，相对拥有较多的秸秆资源化利用资金。养殖业农户常将秸秆用于青贮饲料，这种简单有效的资源化利用方式带来的综合利益较高，在客观上增加了该类农户的秸秆资源化利用率。当地地域状况越便利和农业机械化水平越高，则越易实现秸秆的收储运、粉碎还田；政府禁烧与查处力度越高，秸秆焚烧量越小。农户对秸秆用途的知晓度，可以促使农户了解秸秆综合利用的长期效益并产生秸秆综合利用行为；若当地具有操作简便、切实可行的秸秆综合利用技术或秸秆加工企业，则不但会带动农户出售秸秆，带动秸秆回收业的发展，还能增加农户对秸秆综合利用的效益预期，进而促进秸秆高附加值综合利用。这些影响因素都是小农理性博弈的必然结果。

由以上对模型进行的理论分析可见，当前陕西作物秸秆综合利用的形成机制是政策、技术、地域、农户社会经济因素和农户个人因素，综合作用于农户意识，使其产生作物秸秆综合利用的动机，最终导致农户产生作物秸秆综合利用行为，并在客观上促进了陕西省作物秸秆的综合利用。

政策、技术、地域、农户社会经济状况和农户个人素质通过直接影响农户秸秆综合利用意愿而间接影响农户秸秆综合利用行为，构成陕西作物秸秆综合利用的形成机制。要对陕西省秸秆资源进行资源化利用，减少环境污染，必须在考虑地域特征的前提下，结合农户现有的社会经济条件，在政策、技术和农户意识等层面上持久不懈地进行积极地引导。

表 5-2　农户作物秸秆资源化利用行为的影响因素模型及检验结果

步骤	解释变量	*B0*（*Bi*）	Wald	显著性概率	Exp（B）	模型检验结果
0		−0.765				−2Log likelihood value：589.192
1	性别	1.502	19.568	0.000**	5.001	−2Log likelihood value：579.341
	文化程度	−1.269	28.777	0.000**	0.397	Nagelkerke R2 value：0.124
	户主年龄	−0.318	2.431	0.134	0.796	Chi-square value：50.357
	是否党员	0.603	4.004	0.071	1.898	significance probability：0.000
	是否村干部	1.669	13.623	0.000**	4.899	

（续）

步骤	解释变量	*B0*（*Bi*）	Wald	显著性概率	Exp（B）	模型检验结果
	是否有非农职业	－0.532	2.223	0.159	0.712	－2Log likelihood value：566.324 Nagelkerke R2 value：0.149 Chi－square value：52.117 significance probability：0.000
	收入结构	－0.789	15.639	0.000**	0.663	
2	是否有养殖业	－0.587	4.231	0.044**	0.650	
	种植规模	0.091	1.201	0.289	1.078	
	家庭决策方式	－0.069	0.089	0.697	0.926	
	是否知道秸秆综合利用对环境的好处	0.487	4.100	0.097	1.598	－2Log likelihood value：550.655 Nagelkerke R2 value：0.188 Chi－square value：69.550 significance probability：0.000
3	是否知道秸秆可以综合利用	－0.196	0.557	0.447	0.819	
	对秸秆用途的知晓度	－0.513	4.144	0.045**	0.621	
	秸秆综合利用意愿	－0.094	0.198	0.656	0.910	
4	对秸秆综合利用的效益预期	0.896	14.757	0.000**	2.526	－2Log likelihood value：528.492 Nagelkerke R2 value：0.199 Chi－square value：100.711 significance probability：0.000
	当地是否有秸秆加工企业	－1.968	21.099	0.000**	0.156	－2Log likelihood value：481.502 Nagelkerke R2 value：0.301 Chi－square value：134.790 significance probability：0.000
	是否有秸秆综合利用补贴	－0.107	0.160	0.679	0.902	
	是否有较可行的秸秆综合利用技术	0.919	18.757	0.015**	3.505	
5	当地农业机械化水平	0.430	8.076	0.005**	1.538	
	政府宣传	0.243	1.469	0.233	1.276	
	政府禁烧与查处力度	0.768	18.425	0.000**	2.158	
	周围人秸秆处理行为	－0.654	4.485	0.079	0.697	

（续）

步骤	解释变量	B0（Bi）	Wald	显著性概率	Exp（B）	模型检验结果
6	地域状况	0.513	7.984	0.022**	2.756	−2Log likelihood value：475.321 Nagelkerke R2 value：0.384 Chi - square value：156.611 significance probability：0.000
	常量	−1.266	0.664	0.471	0.296	

注：①表中数据为最终模型数据。②对自变量的多重共线性诊断结果表明，方差膨胀因子的最大值为 0.781，最小值为 0.006，均小于 10，说明自变量之间不存在严重的多重共线性，不需要进行多重共线性处理。** 表示相应解释变量在 0.01 水平和 0.05 水平上均显著。

5.2 农业废弃物利用影响因素的理论分析

面对陕西农业废弃物资源化利用的众多问题，找出其原因是提出针对性政策的前提。分析农业废弃物资源化利用的影响因素对于优化现有政策和政府决策，具有直接的参考价值。农业废弃物的利用是受环境、政策、人口、工业、农业、技术和区域自然地理条件综合影响的结果。本节结合前几章调查研究与文献分析的结果，试图从理论层面探讨农业废弃物利用的影响因素与机制。

5.2.1 农业废弃物利用的宏观影响因素

5.2.1.1 自然地理环境对农业废弃物利用的影响

首先，区域自然地理条件影响农业废弃物的收储运输体系。

秸秆的特性是蓬松、质轻、易燃，即便打捆后运输也十分困难，如果秸秆运输半径大于 50 千米，则运输成本会大大增加，且秸秆含糖量较多，易发生霉烂，不利于秸秆贮存（陈怡，2013）。秸秆综合利用存在的最大问题是原料的收集、运输和贮存。在秸秆收获季节，造纸厂、秸秆生物发电厂和秸秆板材企业之间常常存在原料争夺问题，如何按计划收购，需要国家和市场调节。秸秆收储物流体系一般由秸秆的利用企业、收储组织、收集专业户和农户构成，包含秸秆的收集、加工、存储、运输等环节。比如，汉中是典型的山区地貌，农户的耕地大多以坡地和小块的平地为主，且耕地与住房之间距离较远，将秸秆从耕地运到住所的运输成本较高。在大路边上的耕地，秸秆粉碎机可以到达，进行秸秆粉碎还田，或者秸秆打捆机可以就地打捆以便于运输，而坡地则无法实现这样的机械化处理。2011 调查中，汉中市农户焚烧和直接还田等就地处理秸秆的方式占所有秸秆利用方式的 68.4%，就说明了这一点。

其次，全球环境恶化督促社会环境政策做出调整。

全球环境恶化和区域环境恶化，尤其是畜禽粪便造成的水体、大气、土壤污染，秸秆焚烧造成的大气污染，严重威胁到人类的健康，使得人们意识到可持续发展、低碳生产、农业废弃物无害化利用对人类的重大意义，最终促使各国、各级政府对产业规划、环境政策不断修改。目前，各国出台了促进农业废弃物无害化利用相关的各类环境政策，包括秸秆禁烧政策、畜禽粪便排放污染限制政策、利用项目补贴政策、还有相关的税收优惠政策、资金投入等。

5.2.1.2 农业生产方式转变对农业废弃物利用的影响

农业生产方式由传统向现代转变，主要体现为六个方面，这些转变均对农业废弃物的利用产生了影响。第一，农业主要的要素投入。传统农业生产率的提高主要依赖于土地和劳动力的投入，而现代农业中农业生产主要依靠资本投入。这就解放了农户家庭的一部分劳动力去赚钱。于是出现了农业人口向非农业转移，农村人口向城市转移，促使农户非农收入增加，农业废弃物利用的积极性降低。也使得农村留守人口结构呈现女性化、老龄化和弱势化的特点，留守人口的劳动能力较弱，无法学习农业废弃物利用技术。第二，农业劳动力。传统农业生产方式下，农业劳动力以人力、畜力为主要劳动力，劳动效率低；现代农业生产方式则以机器为主要劳动力，生产效率提高。农业生产率提高，农业作物产量提高，秸秆产量也就提高。第三，肥料和饲料来源。传统农业以粪肥绿肥为主要肥料来源，以作物秸秆作为饲料的主要来源之一。现代农业则以化学肥料代替了粪肥与绿肥，以工业饲料代替了传统生物质饲料。第四，病虫防治。传统农业以草木灰、堆沤的粪肥作为病虫防治，属于原始的农业防除和生物防治方法。现代农业则以化工杀虫药剂代替了传统的生物病虫防治方法。使得秸秆、畜禽粪便变成农业废弃物而大量剩余；杀虫剂的大量使用则造成严重的环境污染；也使得农户对农业废弃物的利用积极性降低。第五，商业性投入比重。传统农业中，只有少量资金投入农业，部分地实现了农业的规模化生产。现代农业中，大量商业资金投入农业生产，促进了农业的规模化生产，有利于农产品与市场对接。生产规模的扩大，增加了农业废弃物的种植、养殖规模，使得农业秸秆、畜禽粪便产量增加；也使得农户对农业废弃物的利用积极性降低。第六，农产品消费。传统农业中，农产品的消费是自给自足、自产自销。农户农业生产的主要目的是自己消费，注重品质，不会导致食品安全，但由于商业目的不强，因此生产规模不会太大。现代农业的生产目的则主要是商业生产、投放市场，这就具有一定的外部性，农户不顾农业废弃物非资源化利用是否会导致食品安全问题，滥用饲料添加剂、化肥，最终危害消费者的健康。

总之，农业生产方式由传统向现代的转变过程中，传统农业生产要素被工业产品替代（陈新锋，2001），是造成秸秆和畜禽粪便沦落为废弃物的根本原因。农业现代化过程就是改造传统农业的过程，被替代的生产要素的出路是向更低效率的用途转移。在传统农业中，农业秸秆和畜禽粪便作为农村能源、饲料、肥料和建筑材料的功能分别被商业能源、工业饲料、化肥和现代建材所取代，于是，秸秆和畜禽粪便被排除于农业生产要素的内部循环之外，成为废弃物。

5.2.1.3　工业对农业废弃物利用的影响

第一，工业创新能力低下，无力反哺农业废弃物的利用。

尤其是农业生产资料的生产产业，不断利用高新技术实现创新，也促使了饲料、化肥、农膜大量使用。以秸秆焚烧为例，秸秆焚烧是农户处理秸秆最经济合算的必然选择，农户焚烧秸秆，减少了自己处理秸秆的费用，将处理成本转嫁给了社会，而农户又不需要承担焚烧秸秆的污染责任。禁止农户焚烧秸秆，就等于阻止他们转嫁处理成本，农户自然会产生消极抵触情绪。陈新锋认为，在没有技术突破和外部干预的前提下，秸秆焚烧量与农民收入水平成正比（陈新锋，2001）。也就是说，在工业改造了农业，使秸秆变成农业废弃物时，工业却没有能力为秸秆寻找新的用途。所以，只有工业的创新能力大力提升，才有能力反哺农业废弃物的规模化利用，为后者提供足够的资金、设备以及切实可行的技术。

第二，工业所生产的农业生产资料的价格波动，影响农业生产的成本、规模和结构。现代农业依赖强大的科技和工业支撑体系对之进行的大量外部投入，如化肥、农药、机器等，这一切都不是农户自己所能生产的（王思明，2014）。工业，尤其是农业生产资料的生产产业，不断利用高新技术实现创新，也使得饲料、化肥、农膜等产品价格不断提升，提高了农业生产的成本，导致农业生产规模、结构发生较大变化。随着农业生产成本的提高，一般农户由于种植规模小，要实现规模化种植、养殖需要集资才能完成。不同生产主体的秸秆、畜禽粪便产量不同，因而其农业废弃物利用方式也随之改变。

第三，能源产业发展导致农村能源消费结构转变，最终导致生物质能使用率低。中国农村数千年以来，一直通过燃烧秸秆、薪柴等生物质获取能源，这一能源消费模式几乎没有实质性变化。但21世纪以来，在国家政策的引导下，农村经济不断发展，农民生活水平不断提高，农村能源技术的开发和运用发展迅速，大大提高了中国农村可再生能源开发利用水平。目前，中国农村能源消费结构由传统向现代转变，低质能源所占比重减少，现代商品能源比重上升，能源消费呈现明显的商品化、优质化趋势。2000—2009年间，中国农村生活用能中，液化石油气、沼气和太阳能的使用比例逐渐上升，分别从2000年的1.07%、0.44%和0.48%上升到2008年的21.91%、1.87%和1.30%，但沼气、太阳能所占比例之和均未超过4%（李光全等，2010），说明中国农村能源消费结构不断升级的同时，对传统生物质能的开发利用仍显不足。

5.2.1.4 人口对农业废弃物利用的影响

传统农业社会，农村人口流动比例较低，而现代社会的农村，人口则向非农业流动。农村留守人口呈女性化、弱势化趋势，留守人口农业生产能力弱，农业生产更加粗放，农业废弃物产量较少，只能以传统利用方式简单非资源化利用；难以掌握沼气等有技术含量的资源化利用技术。随着中国城镇化步伐的加快，在部门比较预期收益差距的驱使下，农村越来越多的农业劳动力离开农村进入城镇，并转移到非农部门。根据国务院发展研究中心课题组（2007）的调查结果，全国有74.3%的村庄中能外出打工的青年劳动力均已转移（张晖和张静，2012）。导致农村的农业生产中青壮年劳动力短缺，留守人口大多为文化水平较低的男性或女人和老人，他们成为农业劳动力的主体，劳动能力和学习技术的能力远远低于外出打工的劳动力。于是，这些农业劳动力在实际的生产劳动过程中，不得不采用落后、低效率、低技术含量的生产方式。这种低效率的粗放的农业生产方式，使得农村可再生能源技术和设备得不到较高程度的推广和应用，制约了农村可再生能源技术的推广。

一方面，中国人口基数大，且还在不断增长；近年来，工业、农业和技术的发展，促使人们生活水平提高，人们对粮食、果蔬、蛋奶肉等农业产品的需求不断增加。人口的增加，对农产品的需求增加刺激了农业生产率的提高。另一方面，人口的增长促使城市不断扩张，城市生活对农村人口的吸引力越来越强，随着农村人口向城市的流动，农村空心化使得农业的最基础生产要素——

土地被荒废浪费、农村留守劳动力弱势化使得单家独户的生产效率越来越低，这不利于满足人们对农产品不断增长的需求。于是，农村土地流转的进程加快，耕地逐渐集中于种植大户、养殖大户和涉农企业，实现了种植、养殖的规模化、市场化，以满足人们对农产品的需求。中国人地矛盾紧张，人口的增加，客观上使得市场对高品质农产品的需求增加，使得农户盲目追求产量，滥用饲料添加剂、抗生素；滥用化肥、杀虫剂，在产量增加的同时，也制造了大量农业废弃物，而农业废弃物的非资源化利用，又造成了严重的农业面源污染。

5.2.1.5　技术对农业废弃物利用的影响

第一，技术转变实现了大规模农业废弃物的资源化利用。

传统农业社会，农业废弃物利用主要采用一些非资源化利用技术，现代农业社会，技术的进步，一些资源化利用技术被研发出来，能够实现农业废弃物的规模化、无害化、资源化利用。

农业废弃物利用技术的发展、操作便利性及综合效益直接影响着农业废弃物的利用率。农业机械的发展，是秸秆粉碎还田、秸秆打捆等发展的关键。比如，2003 年以来，陕西省委、省政府专门颁发了《关于加强秸秆禁烧和综合利用工作的通告》，划定了重点禁烧区，要求各级政府及农机、环保、财政、发展改革等部门各司其职，其中农机系统的成效较为显著。截止到 2007 年，农机部门共投资 5 300 多万元，推广了 10 万多台各种机械，增加了秸秆直接粉碎还田、秸秆高留茬玉米免耕播种或带状旋耕播种、秸秆拣拾打捆作工业原料，以及秸秆青贮、微贮作饲草等机械化技术，利用了 1 500 多万亩、730 多万吨秸秆，占小麦、玉米秸秆总量的 43％和粮食秸秆总量的 30％（惠立峰，2007）。农业废弃物处理技术设备的操作便利性也会影响农业废弃物的有效利用。陕西省大部分农户放弃政府所推广补贴的沼气设施，其重要原因之一就是沼气设备操作麻烦，能效太低。

技术对于养殖业发展的影响也比较显著。中国养殖业的一个特点在于，养殖散户和养殖专业户的畜禽粪便处理方式存在较大差异（仇焕广等，2013）。以养猪行业为例。中国生猪养殖的特点表现为生猪生产效率低于许多西方国家；小规模和大规模饲养方式的生产效率之间差异显著；中小规模的生猪养殖在中国占据主体地位，基数大但徘徊不前，大规模养殖方式增长趋势明显。中国的生猪存栏量居世界第一，但饲养效率较低。2011 年，中国与美国的初生猪年存栏量分别占全球的 58.4％和 8.24％，而全年猪肉总产量却分别占 49.05％和超过 10％（顾立伟和刘杨，2013）。中国专业养殖户主要依靠物化投入要素（饲料、技术、防疫、管理等）养殖生猪（王芳等，2010），而品种、饲料配方等技术的进步，提高了规模养殖方式下生猪的生长性能和饲料转化率，部分实现了资本对劳动力的要素替代（刘清泉和周发明，2012）。由于规模化经济对生产资料的利用率较高，所以相对于散养或小规模养殖来说，生猪的大中规模养殖对精饲料价格和服务费的价格波动不敏感，饲料成本较低，因而效益较高（Benl，J and Markh，2002）。研究表明，养猪户的文化程度与其技术需求呈正相关关系，文化程度越高的户主，越倾向于接受新的养殖技术（汤国辉和张锋，2010）。而中国一般农户大多将养猪作为家庭副业，采用传统分散的粗放饲养形式，以农副产品和青粗饲料为主要饲料，产品主要是供自家使用（刘清泉和周发明，2012），几乎不关注饲养的生产效率。总之，由于技术在不同养猪规模之间发展不平衡，养殖规模越小越不利于技术进步，散户与小规模养殖户的养殖技术未发生显著性改变，正在加速退出市场；而中、大规模的养殖技术却发生显著性的变化，其可能原因是大中规模养殖的技术效益明显，养殖者文化水平普遍较高，易于掌握新技术，较多大型养殖场的资本来自网易、中粮和联想等有资金实力的大企业，可以直接与国外先进技术同步发展，因此散户，大中规模的生猪养殖户每年保持两位数的高速增长（马成林和周德翼，2014）。

第二，技术不到位使得成熟技术的实际运用效率不理想。

资源化利用技术的普及过程中，无法严格遵守技术要求，导致技术设备无法高效运行，导致农业废弃物资源化利用率低，比如沼气普及率高但继续使用率低，重要的原因在于技术不到位。农村沼气建设要保证沼气工程整体的结构强度和气密性要合格，还要严格按照沼气发酵的原理、工艺条件及操作规范进行科学配料和启动，才能保证设备的持续高效运转。但实际情况是，在政府制定的沼气池建设目标的推动下，农村沼气建设的时间紧、数量大，因此沼气建设难免缺乏质量监管和竣工检验，户用沼气池出现较多的启动故障和继续运行故障（张金水等，2008）。此外，一般农户和养殖小区资金有限，很难达到沼气池“精确设计、精准建设、精细管理”的工程标准（张金水等，2008），一般农户只能承担沼气池本身建设的费用，难以支付“一池三改”的系统工程，养殖小区则只能简单地将户用沼气池扩建。目前，中国的农村沼气建设技工多为农民技工，其技术服务水平和管理能力还待加强。

5.2.1.6 政策对农业废弃物利用的影响

国家政策是一个综合复杂的体系，除了促进农业废弃物利用相关政策直接督促全社会提高农业废弃物利用率外，其他相关社会政策对农业废弃物利用的影响也较为深远。比如，土地是农业生产最基本的要素，耕地面积和耕地土壤质量的变化对粮食作物的产量和种植规模影响深远。

1999 年《中华人民共和国土地管理法》修订实施后，实行耕地占补平衡挂钩政策，通过“占一补一”来保证中国耕地总量的稳定。该政策实行近 15 年来，负面影响在于，位于城市周边和交通干线两侧的优质农田被大量占用或流转，而偏僻荒山的贫瘠土地被补充进来，使得农业耕地适宜性越来越差，农产品产出量和农业收入低，最终使得农户转向非农产业，农业劳动力呈现弱势化和女性化的趋势，这对于以户为单位的农业废弃物资源化利用技术的推广极为不利。

中国的耕地承包方式（是三年一调整，还是一定十五年不变）政策，直接决定了农民、牧民对待耕地、草场是掠夺式短期经营还是可持续的长远投资行为（马戎，1998）。2012 年中央 1 号文件指出，允许农户流转土地承包经营权，鼓励有条件的地方发展规模经营主体（专业大户、家庭农场和农民专业合作社等）。土地流转政策的实施，使得优质耕地集中于种植大户、养殖大户以及涉农公司处，他们与单个农户的农业生产方式之间存在显著差异，表现为生产规模大、科技含量较高，市场化程度高。相应地，农业秸秆和畜禽粪便产量也高，有利于农业废弃物的集中处理，也有利于实现相关利用技术的规模化效益，客观上促进了农业废弃物利用的产业化、专业化和市场化。

土地流转、农民上楼等农村城镇化政策促使农户粮食作物种植规模与种植结构改变。首先，农户耕地面积“萎缩”导致农户种植规模普遍偏小，种植结构调整导致粮食作物种植规模小，因此秸秆产量低。以杨凌示范区为例。截至 2013 年年底，杨凌示范区共流转土地 4.48 万亩，占全区耕地面积的 52%；流转给现代农业示范园的入园企业 1.55 万亩，农业专业合作社 1.83 万亩，专业大户 6 800 亩，散户 4 200 亩。大量流转的土地用于蔬菜瓜果和苗木等经济作物的种植，因此粮食作物种植面积受到挤压。2014 调查数据显示，被访农户的粮食种植规模在 0 亩、0.4～4.0 亩、5～16 亩之间的分别占 63.6%、24.5%和 11.8%。被访农户果类、蔬菜类作物和苗木种植规模为 0.7～3 亩的占 17.3%，4～8 亩的占 3.6%；粮食和果蔬苗木等经济作物都未种植的农户所占的比例高达 50.9%，仅种植粮食作物或者仅种植果蔬苗木的农户所占比例达到 40.9%，仅有 8.2%的农户既种了粮食作物又种植了果蔬苗木。可见，农户从事种植业的比例较低且种植面积普遍偏小。其次，土地流转使得小规模种植农户的粮食种植积极性下降。杨凌示范区农村土地流转的方式大致包括三种：第一种是一次性给予农户几万元的征地费，这样，农户就转让了耕地使用权，无法种植；第二种是农户以农业合作社的形式参与土地流转，由相关单位集中建立大棚，每户分几个大棚，不论农户是否认真种大棚，每人每月均发放700元补贴，在这种形势下，农户种植积极性也不高；第三种是企业租用农户耕地，租期最长达20年之久，被租地农户每户发一张银行卡，作为租地补偿，此时农户转让了耕地使用权，即无地可种。可耕种土地面积大量缩减导致农户种植面积也大量缩减甚至为零。“农民上楼”政策实施后，农民的居住环境、就业方式向市民化方向转变，他们逐渐远离农业，收入结构非农化程度很高，因此，不种植或者种植面积非常小。农户粮食种植面积的缩小，直接减少了农户作物秸秆的产量，也就减少了畜禽饲养的饲料来源和沼气原料来源，间接地影响着农户秸秆处理方式。

5.2.2　农业废弃物利用的微观影响因素

5.2.2.1　农户观念的变化

第一，农户对环境的认识发生改变，其环境意识和对待环境的行为也发生变化。

荷兰学者范科本（Koppen，2000）认为自然可以分为资源（resource）、生活世界（life world）和世外桃源（arcadia）三个理想类型。传统农业社会，自然界被人类看作是一个生活世界，中国传统农民将土地看作命根子和一种社会保障方式，注重天人合一，与自然保持和谐的关系。但近代以来，“人类中心主义”的思想趋势不断增强，农民更倾向于将草原、森林、江河湖泊海洋等看作盈利的资源。而这种短期的功利观却被看作是农民的“进步与现代化”和与市场经济接轨的方式（马戎，1998），加剧了农民对环境的“掠夺”。1999年中政府启动了“退耕还林”（GGP）的环境整治工程，工程内容是从政府1999—2010年，共花费40亿美元作为农户补贴，旨在将25个省的1.47亿公顷农业和放牧的脆弱地转换为植树造林、饲料作物林。由于该工程参与人数规模巨大，因此，工程是否成功直接影响到被征地农民对工程的态度。2005年一项针对2000个农户的调查（Cao et al，2009）结果发现，被征地农户最关注的是由GGP工程提供粮食和经济补偿，很少人赞成用树木（8.9%）或牧草种（2.2%）作为补偿；在政府补贴政策下，63.8%的农户支持GGP工程，但表示一旦2018年该项目的补贴结束，他们会继续耕种已经退耕还林的土地。

因此，为了维持退耕还林的成果，政府不得不考虑继续赔偿农户。

同理，对待秸秆、畜禽粪便也是一样的，在传统农业社会，农户将土地视为生命，将农业秸秆、畜禽粪便视为生产生活的珍贵资源。而在现代农业社会中，农户将土地视为能否获得利益的工具，或者视为最低生活保障，将农业秸秆、畜禽粪便视为农业废弃物。农民为了增加农业产量，改变了使用有机肥的传统农业耕作方式和游牧的传统畜牧方式，滥用化肥、农药、饲料添加剂等危害环境的工业产品，而舍弃秸秆、畜禽粪便等环保却低利润的绿色肥料、饲料，致使农业生物质资源成为废弃物并危害环境。

第二，农户对秸秆资源化利用的效益预期较低。

被访农户中，51.8％认为资源化利用秸秆对家庭收益“没有影响”，2.6％的人甚至认为资源化利用秸秆会“减少”家庭收益，有37.7％的人表示“不关心”，认为会“增加”家庭受益的仅占7.9％。这是因为农户家里主要劳动力大多外出打工，家庭留守的农业人口多为女性或老年人，他们劳动能力较低，将秸秆综合利用，首先要将秸秆运输到家里，劳动强度较大，增加了留守农业人口的劳动强度。另外，秸秆综合利用的机会成本较高。以堆肥为例，秸秆堆肥需要有人留守在家，而农户在本地打短工，一天的收入比秸秆堆肥一天节省的能源费用要高很多，秸秆利用会减少他们打工的收入和机会，因此农户对秸秆综合利用的积极性较低。

5.2.2.2　农户行为的负外部性

所谓“外部性”，即指行为主体的活动对他人和社会所产生的影响。对他人和社会产生积极影响，称之为“正外部性”，反之则为“负外部性”。所谓负外部性，是指一个人的行为或企业的行为影响了其他人或企业，使之支付了额外的成本费用，但后者又无法获得相应补偿的现象。农户焚烧秸秆、任意添加饲料添加剂、将含有重金属、抗生素、病菌等有害物质的畜禽粪便直接施入农田或冲入水体，就存在严重的负外部性。农户从自身农业废弃物利用的成本利益出发，其理性选择的结果是焚烧秸秆、畜禽粪便直接施入农田或冲入水体，这样成本最低。但是客观上，焚烧秸秆污染了大气，畜禽粪便污染了水体和土壤，最终受害的是所有人，而这些受农业面源污染危害的人得不到任何补偿。

5.2.2.3　农户客观条件的变化

首先，农户收入结构的改变。传统农业社会，农业是农户最主要的生活来源，农户只能致力于农业生产，精耕细作。而现代农业社会中，农户有了非农就业机会，农村剩余劳动力非农就业率的提高，使得农户非农收入提高，非农收入占家庭总收入的比例逐渐提高，成为农户的主要收入来源，这对农户农业废弃物利用产生直接影响。一方面，增加了农业废弃物利用的机会成本。农户对农业废弃物加以资源化利用，都需要在农业生产之外，增加劳动力和时间的投入，这就意味着要损失其非农收入。因此，当农业废弃物利用的机会成本（耽误非农就业时间）、比较利益（与非农收入相比较）等代价较高，而收益较低时，农户就越不愿意对农业废弃物加以资源化利用。这就是较多农户选择秸秆焚烧、秸秆直接粉碎还田、畜禽粪便出售等利用方式的直接原因，也是农户理性博弈后的必然选择。另一方面，缩减了农户的生产规模。农业不再是农户唯一的生活来源，因此农户对农业生产的积极性降低，生产规模缩小，生产方式更加粗放，结果是农作物产量低，农业秸秆产量小。畜禽养殖也是如此，养殖产品主要供自己使用，故而养殖数量较小，畜禽粪便产量小。结果因为农业废弃物产量小，无法规模化利用，只能选择与传统农业社会类似的非资源化利用方式。

其次，农户耕地面积的缩减。一方面，农村人口非农就业率提高，农户家庭的农业劳动力弱势化，农户对农业生产的积极性降低，造成大量耕地的闲置或低效利用，另一方面，对大量农产品的市场需求，客观上要求农业生产规模的扩大和农业生产效率的提高。于是土地流转成为解决这一矛盾的有效手段。土地流转促使农村耕地向少数农业生产者集中，一般农户的耕地面积缩减。农户耕地面积“萎缩”导致农户种植规模普遍偏小，种植结构调整导致粮食作物种植规模小，因此农业废弃物产量低。

再次，农户的社会资本影响其农业废弃物利用的技术选择与行为。长期以来，中国环境治理和废弃物利用事业都是由政府管制或政府主导的，但往往因为缺乏居民的广泛参与而流于形式。所以，农业废弃物的综合利用，需要政府、市场、农户的多方参与，而如何提高多方面参与的积极性？提高区域社会资本是个不错的思路。自布迪厄（Pierre Bourdieu）、科尔曼（James Coleman）和普特南（Robert Putnam）等构建了社会资本的理论框架以来，国内外对社会资本的测量层次可分为个体微观和集体宏观两种（尉建文和赵延东，2011）。尽管人们对社会资本的定义表述和分析层面不同，但都把社会资本的最基本构成要素归纳为关系网络、规范和社会信任（姜振华，2008），其中规范是社会资本的基础，关系网络是社会资本的载体，信任是社会资本的核心要素。从社会资本的角度看，区域社会资本水平的提高，区域内个人社会资本的提高，都有助于促进区域内集体行动的发生。农业废弃物资源化利用率的提高，是农户集体行动的结果。而社区社会资本的提高，可以成为农户集体行动的激励因素或约束条件，有助于调动农户参与的积极性（张旭和李永贵，2013）。这就需要社会资本通过规范、关系网络和信任机制的共同作用促进社会参与和社会合作，从而弥补传统治理模式的真空，提升农村环境治理绩效（张俊哲和王春荣，2012）。社会资本被视为改善生态环境的先决条件和实现可持续发展的关键资本。它对经济增长（Knack and Keefer，1997）、集成管理自然资源与保护环境（Pretty，2003）至关重要。因为环境问题的解决需要人们的集体行动，而集体行动只有在高水平的社会资本下才有可能实现（Dale and Onyx，2005；Mohan and Mohan，2002；Murphy，2006），一个国家或地区的社会资本由网络、信任与规范组成（Putnam，1993），其社会资本的存量及构成直接作用于社会成员的行为。社会资本与环境绩效之间呈显著的相关关系（赵雪雁，2010；刘晓峰，2011；Grafton and Knowles，2004），有研究（卢宁和李国平，2009）用社会资本解释某区域工业二氧化硫的污染排放量，有些地区传统的“社区规范”有时比政府法令更能约束社区成员的行为（马戎，1998）。

5.2.3　农业废弃物利用的影响机制

综合上述农业废弃物利用的影响因素，可以看出，农业废弃物的利用方式与利用率受到自然地理环境和社会因素交互作用的影响（图 5－1）。

第一，自然地理环境直接、间接地影响着农业废弃物的利用。

一方面，自然地理环境中的地形、气候、土壤等因素直接决定了各地区农作物种植结构和畜禽养殖种类，间接地决定了各地区农业秸秆的种类、产量以及畜禽粪便的种类和产量，从而影响着农业废弃物利用模式和利用技术的选择。因此，山区、丘陵、平原等不同的地理环境下，农业废弃物的结构、产量及空间分布是有显著差异的，这就使得各地区不得不根据本区域的自然资源禀赋，农业废弃物的资源特征，选择恰当适宜的农业废弃物资源化利用技术与方式。

另一方面，不同类型自然地理环境的产出力和承载力不同，能源、矿产等资源丰富程度不同，使得各地理区域范围内人口、工业、技术、农业等社会子系统随之做出调整，表现为人口结构与空间分布特征的改变、粮食与畜产品市场需求的波动、农业生产资料价格的波动、农村能源结构的调整、农业技术的发展与传播、农业文化的发展变化、农户生产行为与观念的变化等，这些社会

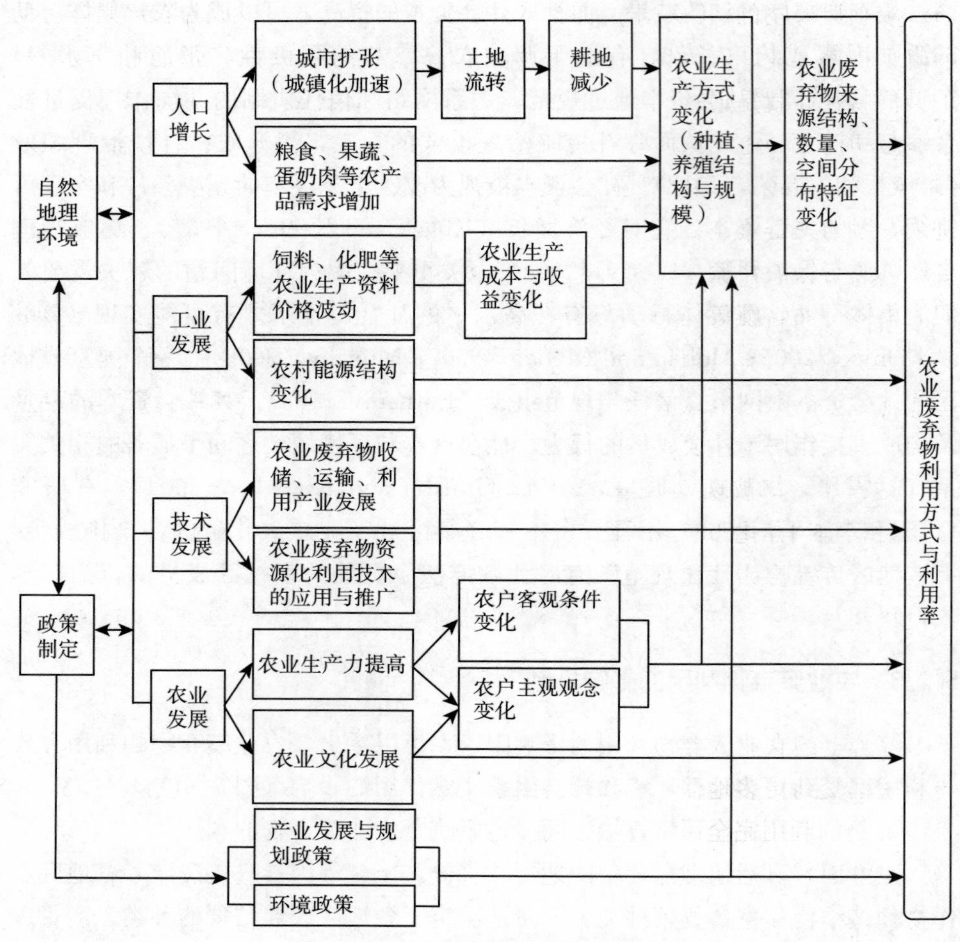

图 5－1　农业废弃物利用的影响机制

变化会产生各类社会问题，如环境污染问题、生态脆弱性问题、粮食安全问题、农户生计问题等，针对这些问题，各国政府作为社会管理主体的代表，通过制定、发布和实施各种政策，从宏观层面加以调控和引导，促使社会体系良性运行与协调发展。其中包括人口政策、产业规划、生态环境、农业、工业、技术等政策，这些政策综合地影响着农户的生产决策，进而影响了农户的种植、养殖的结构和规模，这在客观上使得区域内农业废弃物的资源特征发生变化，并最终影响了农业废弃物资源化利用的方式和利用率。

第二，社会各子系统对农业废弃物利用产生综合影响。

农业废弃物的污染问题并不是农业系统或者环境主管部门能够独立解决的问题。虽然工业、农业、技术的发展都遵循着各自的规律，但他们有一个明显的共同特征，就是追求利润和效率的不断提高。人口的特征则是随着工业、农业、技术等领域的发展所创造的社会条件的变化而变化。人口、工业、农业、技术、文化的发展，综合地作用于农户，使得农户的主、客观条件发生变化，即农户的生产资本、社会资本、人力资本以及农户成员的个人条件均发生了改变，这就促使农户调整种植、养殖结构，从客观上也对农业废弃物的结构、数量、空间分布特征等资源特征产生影响，迫使国家和区域决策部门根据各区域的农业废弃物资源特征，制定针对性的农业废弃物利用政策，最终也对区域内的农业废弃物利用方式和利用率产生影响。比如，耿言虎（2014）从日本环境社会学“生活环境主义”视角研究云南少数民族的林区，发现了森林具有三个层面的作用，却被现代社会的科学、国家、市场将其祛魅化、资源化、资本化，也就是“异化”了，由此得出“生态危机是一种现代性的困境”的结论。

第三，社会因素比自然环境因素对农业废弃物利用的影响更显著。

虽然自然环境对农业废弃物的资源特征具有直接的决定作用，但农业废弃物的生产和利用主体是人类社会，人类对农业废弃物的生产和处理具有主观能动性。

在农业时代，人类对环境的开发还在自然环境的可承受范围之内，农业生产方式的变化更多地受到自然地理条件的影响。在传统的农业生产系统中，农业废弃物的利用完全可以在农业系统内部完成。

工业时代和后工业时代，工业对农业的影响深远，打破了传统农业的物质循环系统，使得畜禽粪便、秸秆等沦落为农业废弃物。这说明以技术发展为核心的工业发展是造成社会系统变迁的主要动力，也是农业废弃物污染问题产生的主要原因，而农业发展、技术发展、人口变化等因素也是农业废弃物污染问题产生的不可忽视的因素。因此，促进农业废弃物资源化利用的主要因素还是社会因素，最终还是要从社会系统中寻找解决之道。从这个意义上说，社会因素比自然因素对农业废弃物利用的影响更显著。方一平等（2012）将社会学的问卷调查方法用以研究长江黄河源区环境问题，发现虽然气候变化构成了草地退化的主要驱动因素，但不合理放牧、采挖虫草等人类行为对草地退化的影响越来越显著。

总之，生态环境变化受自然和人类活动两大类因素的共同作用，由于在短时期内气候等自然因素变化并不明显，因此，人类活动变化对生态环境变化的影响最为直接，而人类活动往往受到政策的引导或制约，所以政策对生态环境问题的影响也十分显著。国家与地方各级政府制定了环境政策，作为一种外部的、宏观的力量，通过直接或间接地影响人类的行为，来应对环境问题，减少各类污染。但政府制定政策的时候，往往难以预料政策实施过程中产生的负向溢出效应[①]，此外，若政策实施者对政策的知晓度、认可度、满意度较低，则会严重阻碍政策的执行。在政策对环境产生影响的过程中，“人”是核心，人的行为方式会引起自然界的土地、水、植被等的变化，同时，人又制定各种政策来应对这种变化。

① 例如以粮为纲政策导向下的兴修水库、开挖机井等活动，一方面很好地解决了农业灌溉用水的问题，但另一方面又造成生态用水不足、地下水超采、土壤盐渍化等更为严重的生态环境问题。

第六章　促进农业废弃物资源化利用的政策建议

在本章中，首先系统地梳理了中国农业废弃物利用政策，分析了政策的演变规律及有待优化之处；其次针对前几章陕西农业废弃物利用过程中的问题及农业废弃物利用的影响因素，提出了促进陕西农业废弃物利用的政策建议。

6.1　农业废弃物综合利用相关政策的发展脉络

自 1992 年以来，中国政府发布了一系列促进农业废弃物综合利用的相关政策，从政策内容来看，国家对秸秆、畜禽粪便等农业废弃物利用的政策经历了从宏观政策规划、具体政策与技术指标到综合政策等三个阶段。

6.1.1　宏观政策规划阶段（1992—2009 年）

早在 1992 年，由农业部发布，国务院办公厅转发的《关于大力开发秸秆资源发展农区草食家畜的报告》，就针对秸秆资源的利用做出了具体的指示。1999 年 4 月，国家六部委联合发布的《秸秆禁烧和综合利用管理办法》中，对秸秆禁烧政策给出了详细的禁烧办法和秸秆综合利用率的任务指标，主要内容以强制性禁烧秸秆为主要指导思想。

2005 年出台的《秸秆综合利用规划》，制定了生物质能产业的详细发展规划，规定了 2010 年和 2020 年生物质发电、生物质固体成型燃料、沼气利用、非粮原料燃料乙醇、生物柴油等生物质能的重点发展技术领域及分别达到的总量目标，为秸秆能源化利用规划了总体发展目标。2006 年，《中华人民共和国可再生能源法》和《可再生能源发电价格和费用分摊管理试行办法》的颁布，为秸秆综合利用提供了法律保障，推动了秸秆资源研究、利用与开发等方面工作的进展。但由于国家对秸秆收购没有保护价或补贴，当地政府无能力兑现奖励承诺。所以施行受到阻碍。2008 年，国家发改委发布了《可再生能源中长期发展规划》。同年，国务院办公厅发布了《关于加快推进农作物秸秆综合利用意见的通知》(国办发［2008］105号文件)。这些政策的思路由秸秆禁烧改为促进秸秆的能源化利用。与此相应，中国农村广泛推广农村户用沼气技术，但实际施行中发现存在沼气技术的区域适宜性问题，并不是所有农村地区都适合发展沼气技术。2005年适宜农户沼气普及率仅为12%。

因此，2009年，国家发改委、农业部关于印发《编制秸秆综合利用规划的指导意见》的通知（发改环资［2009］378号)，要求各单位根据本地区的资源禀赋、利用现状和发展潜力，编制秸秆综合利用重点项目建设规划，制定2010年和2015年的目标，明确秸秆开发利用的方向和总体目标，因地制宜，合理布局，安排好建设内容。

这一阶段，中国政策制定部门对农业废弃物污染问题的解决有个从堵到疏的认识过程，即政策指导思想由单一的禁烧，发展到促进秸秆能源化利用，再发展到根据区域秸秆资源禀赋的差异制定区域秸秆利用策略。政策制定部门这一认识上的进步为后续政策提供了宏观而科学的规划和指导思想，起到了一定的积极影响。比如2010年适宜农户沼气普及率达到33%，比2005年累计增长了21%。

6.1.2 具体政策与技术指标阶段（2010—2011年）

在秸秆综合利用政策方面，政策明确引导秸秆利用方式的多元化发展，并给出了详细具体的技术类别和参数。2010年，中国六部委联合发布了《中国资源综合利用技术政策大纲》（2010年第14号公告)，特别指出了农林废弃物、生活废弃物、养殖废弃物等23项综合利用技术，尤其是可再生资源农作物秸秆的综合利用技术。2011年11月，三部委印发《“十二五”农作物秸秆综合利用实施方案》（发改环资［2011］2615号)，提出了2013年和2015年秸秆综合利用的总体目标：秸秆综合利用率到2 015年力争超过80%；基本建立较完善的秸秆田间处理、收储运体系；形成布局合理、多元利用的综合利用产业化格局；并提出了2015年重点发展的秸秆肥料化、饲料化、基料化、原料化和燃料化利用等产业的具体目标。2011年12月，发改委发布了《“十二五”资源综合利用指导意见》和《大宗固体废物综合利用实施方案》的通知（发改环资［2011］2919号)。《“十二五”资源综合利用指导意见》提出农林废物是重要的废弃物利用行业之一，要求建设秸秆收储运体系，推广秸秆肥料、饲料、基料、原料和燃料化利用，推进畜禽养殖废弃物的综合利用，将农作物秸秆的利用作为实施资源综合利用的重点工程之一。

针对处于向现代畜牧业转型之关键时期的中国畜牧业所面临的规模养殖比重低、标准化水平不高、粪污处理压力大等问题的巨大挑战，2010 年 2 月，农业部办公厅发布了《2010 年畜牧业工作要点》（农办牧［2010］5 号）指出了 2010 年的工作重点是畜牧业产业结构调整和转型升级，将畜禽标准化生产模式的总结与推广、畜禽养殖污染防治法律法规的完善以及畜禽养殖废弃物减排与利用等行业发展重大问题列为年度重点工作内容。此后，畜禽标准化生产与畜禽养殖污染防治成为政策关注的焦点，围绕着这一焦点，2010 年 3 月，农业部畜牧业司发布的《农业部关于加快推进畜禽标准化规模养殖的意见》（农牧发［2010］6 号）进一步提出了具体发展目标：对 2015 年畜禽规模养殖比重、标准化规模养殖比重、排泄物的达标排放或资源化利用做了详细规定，要求各地按照《关于促进规模化畜禽养殖用地政策的通知》（国土资发［2007］220 号）和《草原法》的有关规定，确保规模养殖用地和牧区现代生态型家庭牧场人工饲草料用地；还要求畜禽标准化生产建设在场址布局、栏舍建设、生产设施配备、卫生防疫、粪污处理等方面严格执行相关的法律法规和标准，达到畜禽良种化，养殖设施化，生产规范化，防疫制度化，粪污处理无害化和监管常态化等“六化”目标；对畜禽养殖污染的无害化处理和畜禽养殖标准化示范创建活动给予政策、资金的倾斜，重点扶持落实好标准规模养殖场（小区）建设和大中型沼气建设等项目，以提高畜禽粪污集约化处理和利用能力。2011 年 3 月，为进一步落实《农业部关于加快推进畜禽标准化规模养殖的意见》（农牧发［2010］6 号）要求，农业部办公厅制定发布了《农业部畜禽标准化示范场管理办法（试行）》，以促进畜禽养殖标准化示范创建工作。

2011 年 9 月，农业部发布的《全国农业和农村经济发展第十二个五年规划》专门提到：要推进农作物秸秆畜禽粪便等农业废弃物无害化处理和资源化利用，并通过农村清洁工程推进农村有机废弃物处理利用和无机废弃物收集转运；要建设畜禽标准化规模养殖场（小区），重点加强养殖场（小区）的畜禽舍标准化改造和养殖废弃物处理利用设施建设；要因地制宜开展农业废弃物循环利用，重点实施农村沼气、农村清洁和秸秆能源化利用等工程，还提出了 2015 年的具体发展目标。在“十二五”规划的引导下，秸秆和畜禽粪便的资源化利用经常被并列入农业废弃物，对其综合利用也成为资源利用和环境治理政策的重点内容之一，也说明中国政府对其重视程度空前提高。

在“十二五”规划的引导下，沼气等能源化利用模式仍旧是政策主推的农业废弃物利用模式。2011 年 11 月，《绿色能源示范县建设补助资金管理暂行办法》（财建［2011］113号）、《绿色能源示范县建设管理办法》（国能新能源［2011］164号）和《绿色能源示范县建设技术管理暂行办法》（农科教发［2011］5号），对绿色能源示范县沼气集中供气、生物质气化、生物质成型等工程建设的范围、资格、方针、工程技术规范、技术支持服务体系网络建设等方面做了详细具体的规定。

2011年12月，农业部科技教育司发布的《农业部关于进一步加强农业和农村节能减排工作的意见》，指出“十二五”期间农业和农村节能减排的努力方向：进一步明确了2015年农业源化学需氧量和氨氮排放总量、测土配方施肥覆盖率、化肥利用率、规模化畜禽养殖场废弃物处理利用设施、农村沼气等农业和农村节能减排的目标任务；在高效低排省柴节煤炉、新型节能建筑材料、农业面源污染防治、科学施用化肥等方面深入开展农村生产生活节能；积极防治农业面源污染，主要包括推广畜禽生态养殖技术、适度规模养殖、畜禽养殖排泄物治理、规模化养殖场或养殖小区养殖企业（户）粪污处理利用设施建设及补贴；大力推进农村废弃物资源化利用，重点在于在农村沼气、大中型沼气集中供气、农村清洁等工程的建设和沼气高值利用等方面；同时，大力推广秸秆的还田、肥料化、能源化、饲料化和基料化等方式的综合利用；制定完善相关政策法规、加大资金投入力度、强化科技支撑和广泛开展宣传培训等方面提出了详细实施办法。

2011年12月，国家发改委发布《“十二五”资源综合利用指导意见》和《大宗固体废物综合利用实施方案》，提出了“十二五”资源综合利用工作的指导思想。农作物秸秆综合利用企业的竞争力、产品市场份额和产业发展长效机制等方面被列入2 015年大宗固体废物综合利用的目标。其中秸秆、畜禽养殖废弃物等农林废物利用被列为工作重点之一。这一方案的发布，说明政策制定者重视市场调节手段，通过农业废弃物利用相关产业的发展，促进大宗农林废弃物的综合利用。

2010—2011年，仅两年时间，中国政府集中发布了一系列秸秆与畜禽粪便综合利用的相关政策。一方面反映了中国农业废弃物环境污染问题不断加剧，另一方面也反映了中国政府对农业面源污染问题的重视程度提高，也下定了治理的决心。政策内容主要是给出了详细的技术指导性指标。这一时期政策的主要思路有三：其一，基于广大学者的调查研究、各级管理部门的管理实践和农业废弃物利用技术的发展，相关政策制定部门认识到了秸秆和畜禽粪便利用存在收储运输等瓶颈，于是在政策中着重强调秸秆的田间收储运体系建设和标准化畜禽养殖场（小区）建设，并详细地给出了各类相应的技术指标，凸显了政策制定者提倡对秸秆和畜禽粪便就地处理和多元化利用这一政策理念，客观上鼓励农业废弃物资源化利用模式存在的地区差异。其二，认识到单个农户处理农业秸秆存在的资金、机会成本、技术习得、人力等瓶颈，强调农业废弃物的集中治理，强调秸秆集中供气技术，规模化养殖场的建设就反映了这一点。其三，开始重视市场手段在农林废弃物利用中的调节作用。市场利益通过拉动相关产业的发展，促进农林废弃物的资源化利用。此外，这一时期政策的优点在于针对性、实际指导性强，对农业废弃物资源化利用技术在各地区的普及和应用起到了积极的指导作用，政策实施成效显著。比如，2012 年，国家发展改革委发布的《中国资源综合利用年度报告（2012）》中指出，2011 年，中国农作物秸秆综合利用率达到 71%（5 亿吨）；秸秆用作饲料和燃料分别相当于节约了粮食 5 000 万吨和原煤约 8 400 万吨；沼气产量达 150 亿立方米，生产有机沼肥 4 亿吨，年可利用畜禽粪便 10 亿吨以上。

6.1.3 综合政策阶段（2012 年至今）

2012 年，中国十八大报告提出要大力推进生态文明建设，“发展循环经济，促进生产、流通、消费过程的减量化、再利用、资源化”。2013 年年 11 月，发改委国家发展改革委副主任解振华在中国循环经济协会成立大会上的讲话《大力推动循环发展加快建设生态文明》中，指出生态文明等重大决策和部署，是中国资源约束、环境污染、生态退化、发展不可持续等问题的治本之策，而循环发展是生态文明建设的重要途径；循环发展是以提高资源产出率为目标，以“减量化、再利用、资源化”为原则，以低消耗、低排放、高效率为基本特征的经济增长模式和资源利用方式，实质是解决资源永续利用和源头减少污染问题。提出四点希望：一是围绕循环经济发展、生态文明建设、新型城镇化等重大问题，加强政策研究。二是做好政策、技术的传播推广。三是服务企业，及时总结反映行业企业存在的共性问题，维护行业企业合法权益。四是加强自律和内部管理，提高能力和水平。生态文明、循环经济等建设目标的提出，将秸秆、畜禽粪便等农业废弃物纳入到环境与社会的综合视角加以考虑。

在秸秆综合利用方面。2013 年，发改委通知，要求杜绝秸秆露天焚烧造成的资源浪费和环境污染问题；推动秸秆综合利用规模化、产业化发展。强调在禁烧的同时进行农机补贴和技术支持。2013 年年底，发改委环资司会同农业部科教司在全国 13 个粮食主产省（区）召开农作物秸秆综合利用规划中期评估座谈会，围绕2008年国务院办公厅印发的《关于加快推进农作物秸秆综合利用的意见》提出力争到2015年秸秆综合利用率超过80%的任务目标，听取粮食主产省（区）农作物秸秆综合利用规划实施、中期评估开展、存在的问题，提出下一步工作措施，确保各地按时完成国务院文件确定的秸秆综合利用任务目标。

在畜禽粪便利用方面，针对畜禽粪便重金属、抗生素等污染物质含量居高不下等问题，进行源头治理。2013年12月，为了加强对饲料添加剂的管理，保障饲料和养殖产品质量安全，农业部产业政策与法规司在《饲料添加剂品种目录（2008）》的基础上修订并公布了《饲料添加剂品种目录（2013）》（中华人民共和国农业部公告第2045号），又在2014年1月发布了《饲料和饲料添加剂生产许可管理办法》（农业部令2013年第5号修订）。

2014年1月农业部发布的《关于切实做好2014年农业农村经济工作的意见》中指出，要重点治理农业环境突出问题，配合编制《农业环境突出问题治理规划》，加强畜禽规模养殖污染防治和废弃物资源化利用；同时启动秸秆利用试点。2014年5月，国务院办公厅印发《2014—2015年节能减排低碳发展行动方案》，进一步硬化节能减排降碳指标、量化任务、强化措施，对今明两年节能减排降碳工作作出具体要求。

这一阶段，政策思路的突出特点是将农业废弃物利用纳入循环经济、节能减排的环境综合治理框架内，可见，社会、环境友好和经济可持续发展的发展理念已经渗透进了政策制定者的心里，该政策理念给农业废弃物的资源化利用一个科学合理的定位，这无疑对各地区产业综合规划起到了积极引导作用。

6.1.4 相关政策的分析与评价

环境社会学的环境控制系统论认为，环境控制系统是以解决环境问题为目的，以环境运动和政府环境管理部门作为控制主体，以其他社会主体为被控制主体的一种社会控制系统。环境政策是解决环境问题的一种社会控制手段，所以应该系统化和具有可持续的操作性，为此，环境政策的制定需要具备三个条件：一是对新的社会问题具有敏感性，并迅速设定针对性的控制目标；二是政策的制定应该以社会全体的长远利益和某种普遍的行动价值准则为思想基础；三是环境政策及其控制主体要具有不被巨大压力所影响的主体性。如果满足了这三个条件，则说明一个社会的环境控制系统已经成立。环境控制系统通过行政组织和社会运动的相互作用，有利于形成一种能够减少环境负荷积累的社会规范，从而克服环境问题中的社会两难问题。同时，鼓励社会或民间力量参与，有利于约束市场对环境的危害，并补充政府对环境问题解决的不足。同时，环境控制系统也重视培养全社会的环境保护意识和树立有利于环境问题解决的价值观念。从上述秸秆与畜禽粪便政策来看，中国的农业废弃物利用相关政策基本满足了前两点，第三点则略显不足。

6.1.4.1 能根据农业废弃物利用现状及时作出政策调整

纵观中国农业废弃物综合利用政策，其政策思路有个从堵到疏的发展过程。例如，对秸秆焚烧产生的环境问题，首先是强制性地禁烧，紧接着提供还田养畜、食用菌、固化成型、炭化等多元、具体的秸秆可利用途径，对广大农村进行户用秸秆沼气的推广，接着开始鼓励秸秆利用企业的发展，对之给予较大力度的经济补贴和政策优惠。对畜禽粪便的任意排放，开始并没有相关政策，但随着劳动力成本的提高和畜禽养殖模式的转变，畜禽粪便污染愈加凸显，环保部等多部门逐步认识到畜禽废物排放污染问题的严重性，从 2010 年开始相继制定了八部与畜禽污染防治相关的法律法规（分别为《畜牧法》、《农业法》、《固体废物污染环境防治法》、《清洁生产促进法》、《循环经济促进法》，间接相关的法律主要有《水污染防治法》、《大气污染防治法》和《动物防疫法》）。政策思路从单纯的畜禽粪便污染治理，到推动畜禽生态养殖；相关政策内容中科学依据越来越多，技术路径和具体的技术参数越来越多。这个政策思路的转变，对控制畜禽粪便污染有了一定的控制作用，也引起了全社会对畜禽污染问题的关注。但这些政策法规中，只有少数几个对畜禽污染防治有具体的标准，对养殖污染防治的政策原则性规定比较多，可操作性规定较少，限制性政策较多，经济激励政策较少。这是值得进一步关注的，但环境政策的调整，总有个适应过程，需要不断根据实际问题进行调整。这是因为，政策的制定其实是一种决策的过程，而决策的目标不是单一、明确和绝对的，而是多元、模糊和相对的（《科学主义和有限理性在政策实践中作用浅析》）。因为政策的制定通常是针对某一社会问题的，因此，要想使得决策的目标明确，就必须要找到问题的症结，可是决策总要受制于时间、人财物力等资源条件的限制，所以找到社会问题的症结比较难。同时，政策的制定要在合理性与时效性、合理性与经济性之间做出权衡。政府的决策并不是完全理性决策，而是介于理性与非理性之间的有限理性决策。这是因为，科学主义决策（也称理性决策）以“经济人”假设为前提的，“经济人”以满足个人最大利益需求为首要目标。理性主义认为任何决策都是目标性行为，理性选择就是要做出最大价值的选择，即选择最优方案。赫伯特·西蒙最先对传统理性人行为假设提出挑战，提出“有限理性”行为假设，认为现实生活中决策者的理性是介于完全理性与非理性之间的有限理性，他们不是“经济人”，而是“管理人”，其价值目标和价值取向的多元性与信息、知识、能力、经验有限性，导致其所作出的决策只能是“满意”而非“最佳”。具体来说，产生有限理性的原因包括行为主体知识不完备、行为结果的不确定性、人们只能想到全部可行方案中很少几个。因此，政策的制定，应当追求有限理性而不是完全理性，追求过程合理性而不是本质合理性。

6.1.4.2 政策的制定符合广大社会成员的环境诉求

相关政策制定的宗旨在于减少农业废弃物不合理利用造成的环境污染、达到农业生产的可持续发展为长远目标，而这个目标符合广大社会成员的环境诉求。因为秸秆和畜禽粪便利用政策的实施，对于碳减排、能源结构优化、农村污染治理、保证食品安全等其他政策的施行，都具有不可或缺的意义和地位，国家对其重视程度越来越高。但这些理念还缺乏对农业废弃物社会属性和农业多元化功能的重视。

畜禽粪便的属性分为自然属性和社会属性，自然属性指的是粪便的物理、化学、生物学及养分和污染特性，以及不同畜禽粪便的产生量、处理技术方案等方面知识。社会属性则是指畜禽粪便的排放形式以及空间分布等特征以及由此对畜牧业经济、社会和环境产生的影响。社会属性受畜牧业服务功能、经济、社会、资源、环境、政策等发展变化的综合影响。目前畜禽粪便社会属性突出表现为空间分布不均和相对集中排放。这是由于随着经济、社会和城镇化速度的加快，中国土地资源、环境容量日益紧张，可供发展畜牧业的土地越来越少，自从畜牧业发展区域纳入国家和地方的土地、产业发展总体规划后，许多地区划出了禁养区、限养区和适养区，且禁养范围不断扩大，使得养殖场选址越来越困难，导致畜禽废物量大、集中的局面。无足够土地、种植地可消纳转化。

从农业的功能角度来看，农业具有多功能性。农业不仅有稳定供应粮食的功能，还具有社会、生态、文化等方面的多种功能。比如，日本的水稻生产与日本的“稻米文化”紧密相关，因此保护了日本水稻生产也就保护了“稻米文化”。2004 年，日本东京都、大阪府以及农林水产省等部门，做了一项调查，结果被访市民认为农业除了生产粮食这一基本功能外，还有陶冶情操的教育功能（占被访总数的85.4%）、绿化城市空间（65.5%）、形成城市景观（65.1%）、防灾抗灾（50.8%）、休闲娱乐（45.5%）等功能。可见，农业担负着多重的功能（王威等，2005）。农业废弃物得不到资源化利用，也是农业生态功能缺失的突出表现。在传统农业中，秸秆大多作为饲料和居民生活燃料，畜禽粪便大多用作农家肥料，这些利用方式是中国传统农耕文化的重要构成部分。但随着农业现代化过程中，工业技术对传统农业的改造，秸秆和畜禽粪便变成了废弃物，它所承载的文化也逐渐消失，它所发挥的生态功能被削弱甚至剥夺。当代社会对农业废弃物的综合利用，有助于重新发挥农业的生态功能，并通过农业废弃物利用方式的改变，改变农民的生产生活方式，构建新的农业文化。

6.1.4.3　中国环境控制系统尚需在民间社会行动上加强

目前，关于工业污染事件的环境行动比较多，但关于农业面源污染的社会行动则比较少，少量的环境抗争行动，抗争剧烈程度较低。所以，从这个角度看，中国环境控制系统尚未完全建立，需要在民间社会行动上加强。中国的环境政策主要由地方政府执行，由于各地区的环境污染问题具有跨界性，所以环境政策执行过程中存在着地方政府之间的博弈。通过降低环境管理成本、提高环境质量指标在政绩考核中的权重、加大对违规地方政府的处罚力度，可以提高地方政府的执行效果。

6.2　促进陕西农业废弃物资源化利用的政策建议

农作物秸秆、畜禽粪便不合理处理所造成的环境污染问题，从其产生原因、危害范围与危害程度来看，符合环境问题的定义，属于环境问题中的一种。与雾霾等大气污染、水污染等其他农业面源污染等环境问题一样，农业废弃物造成的环境污染，其发生率、污染危害程度，越来越受到人为因素而不是自然环境的影响。对农业废弃物污染的控制，应该重点从社会性因素中着手治理。

而中国目前环境治理模式还是以政府为主导的环境治理模式，政策通过直接、间接地影响着农业废弃物污染的治理和农业废弃物的资源化利用。因此，在社会领域，通过国家与各地区促进农业废弃物资源化利用政策的优化，可以达到有效促进农业废弃物资源化利用的目的。国家与各地区为了促进农业废弃物的资源化利用，政策调整应集中于以下几方面：

6.2.1 加强农业废弃物资源化利用技术的开发力度与技术服务水平

第一，突破技术瓶颈是降低农业废弃物利用成本的关键。沼气、有机肥、秸秆还田等较为成熟且推广范围较大的技术，应该重点在提高技术效果方面进行技术的改进，比如沼气产气性能、有机肥基质的化学稳定性、秸秆还田机械的改进等方面。农业废弃物利用的其他尚未成熟的技术，应该加紧研发力度，力争尽快能运用到实际生活中去。

第二，提高技术服务水平。像农村户用沼气，建造沼气池花费了大量人财物力，大量沼气池的荒废造成了浪费。建立户用沼气后续技术服务体系，才能保证农户继续利用沼气设备。

第三，加大科研支持力度。国家和省级科研项目，应加大对农业废弃物利用相关研究的资助力度，不能忽视对社会科学研究的资助力度。

6.2.2 将农业废弃物的资源化利用纳入区域产业发展规划

要实现区域内种养平衡、农业经济循环、农业废弃物就地资源化利用，必须以区域产业规划为基础。区域产业的空间布局应该从区域总体角度，科学合理地规划。农林废弃物的利用，不适宜在省域甚至更大的范围内进行具体的规划，而应该在较小的区域范围内加以规划。尤其是在畜禽养殖较为集中的地区，以及农业种植大户较为集中的地方，进行产业规划时，企业的选址、布局需要考虑到种植业与养殖业的对接、农业产品的就地加工等因素，才能对农业废弃物的利用起到积极地促进作用。

第一，进一步鼓励各地区适当地引进或建立农业废弃物利用企业。在养殖业比较集中的地区，应该适当引进有机肥料、苗圃、集中产沼气等企业，以吸纳本地区的养殖废弃物，解决养殖业的后顾之忧。在粮食种植较集中的区域，适当规划和扶持秸秆建筑材料、秸秆集中供气、秸秆发电等企业。以秸秆、畜禽粪便资源化利用企业的发展，达到农林废弃物就地利用的目的，在客观上将粮食种植业和畜禽养殖的潜在环境危害减到最小。

第二，以优惠政策与高新技术促进农业废弃物处理产业的发展。一方面，农业废弃物的资源化利用，需要化学、环境科学、生物学、农学等多学科知识的综合运用，需要众多的专业人才，需要良好的企业环境和高薪才能留住这些人才。另一方面，畜禽粪便、秸秆的综合利用技术，需要规模化利用才能产生规模化效益，依靠单一农户自己运用这些技术，显得不现实。因此，随着这些高新技术的不断发展，以及技术产物的市场化需求的提高，农业废弃物处理产业的建立和发展势在必行。但目前，由于原料运输困难，人们认识不足，产品价格昂贵等原因，相关产业发展不景气，有些企业已经关门。为此，政府制定政策时，可以继续利用环保补贴、减低税收等优惠政策，吸引相关企业的进入，促进其发展，直到相关产业能够较大程度地依赖市场进行调节为主。同时，政策上也应该继续鼓励和支持秸秆、畜禽粪便资源化利用技术的研发，提高技术的经济、社会和环境效益，降低产业运行的技术成本，促进产业发展。

6.2.3　针对小规模和大规模农业生产主体实施不同的引导政策

一般农户和种养殖大户以及涉农企业，有着不同的农业废弃物利用方式，面临着不同的问题。应该分别制定不同的利用政策。

第一，针对种植、养殖专业合作社。首先，要对社长等精英管理人才加强环保意识的培养和环保知识的培训与宣传，通过合作社精英的个人影响力，促使合作社重视农业废弃物的利用。其次，通过鼓励合作社产品的品牌化经营，让市场对绿色农产品的需求来调节专业合作社的环保行为（黄祖辉和高杠玲，2012）。再次，鼓励农民专业合作社之间在农业废弃物利用方面的合作，通过经验交流、优势资源整合，使其增强自我服务的实力。最后，要加大对农民专业合作社的资金、技术服务的扶持力度，制定农业废弃物利用的环保补贴或奖励政策，同时，完善农民专业合作社的政策法规，以增强合作社对其成员的专业化服务能力。通过促进专业合作社服务功能的发挥，促进合作社发挥资源整合和节约的优势，从而提高合作社成员的环境意识和集体行动，高效、节约地利用农业废弃物。

第二，对于大型养殖场。大型养殖场畜禽粪便的处理、运输、人工等循环利用成本太高，若单由养殖业主单方承担，则既不公平又缺乏经济效益驱动力。可以考虑给予大型养殖场一定的奖励、优惠措施、技术指导甚至资金支持，同时制定相关的限制措施和排放标准，以此鼓励和督促养殖场对畜禽粪便进行初步的无害化处理。对养殖场场主或管理者的相关培训，也非常重要。

第三，与农业废弃物利用相关的产业，大多具有较为广阔的发展前景，但是在畜禽粪便和秸秆等农业废弃物利用时，面临利用成本高、产品性能不稳定、不能消除农业废弃物环境污染的程度等难题。在政策上，应该从环保补贴、环保优惠政策、提高专家技术支持力度等方面加以鼓励，同时，在畜禽粪便除臭处理方面加强监督，还需要促进高新科研技术的孵化，降低生物肥料产品的成本。

第四，针对一般农户。通过宣传和培训，培养其环境意识，让他们减少或不添加饲料添加剂的使用量，从而避免畜禽粪便施入农田带来的食品安全隐患。同时，鼓励其使用电磁炉等清洁能源，减少秸秆用于生活燃料的比例。还需要妥善解决土地流转农户的安置和基本生活保障问题，解决其后顾之忧。

6.2.4 以政策激励手段促进企业与农户的协作

在“企业＋农户”的农业生产经营方式下，企业在带领农户致富方面起到了明显的龙头带动作用，也能够在农业废弃物资源化利用方面起到示范作用。政府可以利用企业与农户的连带关系和企业对农户的影响力，给予企业一定的物质激励、精神鼓励，促使企业带领与之合作的农户，从源头上进行养殖污染治理。具体而言，可以引导企业为农户提供畜禽粪便资源化利用的治污设备、进行相关的技术培训，若企业给养殖户建立小型的沼气发电项目、小规模的畜禽有机肥项目，则政府给予较大力度的政策优惠。在企业与农户的配合下，可以有效减少农户简单处理畜禽粪便行为的负外部性。还可以通过一些项目，如企业农户共建项目，让企业与农户共同探索因地制宜的农业废弃物循环利用模式。

6.2.5 促进农业废弃物利用相关市场的建立和完善

第一，加强对农业废弃物收储运产业的支持力度。给予优惠政策和技术支持，促使农业废弃物收储运产业发展。在秸秆田间打捆技术与设备、畜禽粪便运输设备及装车前的风干处理等方面，给予技术指导和支持，以促进农业废弃物收储量的增加，从而提高其经济效益。

第二，建立农业废弃物利用的信息平台，通过全国范围内相关信息的流通，扩大农业废弃物的销量，也解决一些农业废弃物利用企业原料不足的问题。还能解决有机肥等农业废弃物利用产品的销售问题。

第三，增加各类形式的农业技术交流会。让农业废弃物利用企业，技术开发单位，与各类农户面对面交流，形成技术供需市场。从而促进农业废弃物利用实用技术的转化。

6.2.6 政府放权促进公共组织社会资本的环境功能发挥

当前以政府为主导的农业废弃物利用动员模式下，农户缺少技术选择的话语权。所以，为了调动农业废弃物利用的积极性，政府可以考虑进一步放权。

第一，在社区建设中，促进社区社会资本的培育，增加农村社区居民的凝聚力。

第二，促进社区等公共组织积极参与环境政策的制定和实施，不但有助于提高个人和组织的参与意愿、减少社会分歧、增加信息透明度、提高社区社会资本的使用效率，还能有效降低环境治理的成本，避免环境冲突事件发生。

6.2.7　在小范围区域内实行污染权交易以减少排污量

在各个小的区域范围内，可尝试建立农业废弃物排污交易所，施行排放权交易办法。排污权交易是指在一定区域内，在污染物排放总量不超过允许排放量的前提下，内部各排污单位之间通过货币交换的方式相互调剂排污量，使得污染排放主体互相调剂排污量，从而达到减少排污量、保护环境的目的。以养殖业为例，政府可以根据环境质量要求，严格制定该地区的畜禽粪便排污量标准，各养殖场可以通过排污权交易取得排污指标，排污权交易基准价由市环境保护行政主管部门会同物价、财政部门根据污染物治理的社会平均成本，兼顾环境资源稀缺程度、交易市场活跃程度等影响因素定期组织测算并公布。开展排污权交易，将养殖污染控制过程转变为资源配置过程，有利于提高环境资源的利用效率；还有利于调动企业通过技术革新减少污染治理成本的积极性，客观上还有利于促进区域内产业结构的调整。

第七章 主要研究结论及后续研究展望

7.1 主要研究结论

陕西是传统的农业大省，农业畜牧业生产规模较大，每年大量农业废弃物的利用已成为农业发展必须解决的难题。虽然当前已有对各省市地区农业废弃物利用的研究，但涉及陕西省的研究则相对较少，从环境社会学角度对农业废弃物资源化利用问题的探讨也较为缺乏。为此，本研究旨在了解陕西省农业废弃物的潜在污染风险、利用现状与存在的问题，并提出政策建议。研究的主要结论：

1. 陕西秸秆、畜禽粪便的资源化利用潜力相当可观。1978—2009 年陕西农作物秸秆产量和 2005—2009 年陕西畜禽粪便产量均呈缓慢增长趋势。2009 年作物秸秆达 1 682.24 万吨，畜禽粪便达 6 166.81 万吨。陕南、陕北和关中地区在农业废弃物的时空分布方面具有明显的差异。秸秆和畜禽粪便的不合理利用，存在加重陕西省大气雾霾污染和土壤重金属超标等环境污染风险，需要加快促进陕西农业废弃物的资源化利用。

2. 虽然传统小规模农业废弃物利用模式资源化利用率较低，但其农业废弃物的利用率较高，与传统农业社会的生产生活相适应。该模式对现代社会农业废弃物的利用仍具有积极的启示作用。现代小规模农业废弃物利用模式与传统小规模农业废弃物利用模式的特点类似，但已经不能满足现代社会对大量农业废弃物进行资源化利用的需求。现代大规模农业废弃物利用模式对农业废弃物的资源化利用率和利用率都较高，是未来农业废弃物利用的主要模式，但面临着技术、成本、市场等难题，这些难题的破解是提高该模式利用效率和效益的前提。

3. 陕西农业废弃物资源化利用存在农业废弃物利用成本高、农业废弃物利用存在技术瓶颈、农业废弃物利用主体的积极性与环境意识低、农业废弃物利用市场初步建立但不成熟等问题。

4. 农业废弃物的利用方式与利用率受到自然地理环境和政策、人口、工业、农业与技术等社会因素综合作用的影响。

5. 为了促进陕西农业废弃物的资源化利用，在政策层面，应该关注的方面包括：加强农业废弃物资源化利用技术的开发力度与技术服务水平；将农业废弃物的资源化利用纳入区域产业发展规划；针对小规模和大规模农业生产主体实施不同的引导政策；促进农业废弃物利用相关市场的建立和完善；政府放权促进公共组织社会资本的环境功能发挥。

7.2 研究存在的不足之处及进一步研究展望

第一，对陕西秸秆产量的估算过程中，秸秆系数的确定是研究方法的关键。本研究在文献的基础上确定了陕西农作物秸秆的草谷比系数，但要获得更准确的估算结果，尚需要在后续研究中，通过采样、实验，获得陕西乃至西部地区各类农作物秸秆草谷比的真实值。同理，畜禽粪便产量的估算中，各类畜禽的排污系数也是关键技术指标，需要在后续研究中通过实地采样和实验，获得实际排泄系数值。而畜禽粪便中污染物含量的测算和畜禽粪便污染物的耕地负荷，是进行农业面源污染控制的重要参考数据，随着耕地政策、产业规划政策、农业污染监控等相关政策法规的不断实施，陕西不同地区畜禽粪便的产量、污染物含量及其耕地负荷的变化趋势如何？这需要在后续研究中定期追踪监测。

第二，本研究对秸秆资源化利用的相关企业进行了调查。了解了这些企业主要经营的产业，他们农业废弃物循环利用的典型模式。随着新技术的不断开发以及企业、农户环境意识的不断加强，这些企业的农业废弃物利用方式将会如何变化发展？是否有新的效率更高的利用模式？要回答这一问题，需要在后续研究中长期跟踪调查。

第三，已有研究对农业废弃物的影响因素及影响机制的探讨较少，且涉及的影响因素较少。本研究尝试对农业废弃物利用影响因素及影响机制进行理论层面的初步探讨，从自然地理环境与社会各子系统之间的关系出发，较为宏观地阐述了本研究的观点。后续研究需要进一步进行大量的实证研究，对本研究提出的农业废弃物影响机制理论加以验证和修订。

参 考 文 献

包建财，郁继华，冯致，陈佰鸿，雷成，杨娟．2014. 西部七省区作物秸秆资源分布及利用现状［J］．应用生态学报（25）：181－187.

鲍艳宇，周启星，鲍艳姣，刘雨霞，李伟明，谢秀杰．2012. 3种四环素类抗生素在石油污染土壤上的吸附解吸［J］．中国环境科学（32）：1257－1262.

毕于运，高春雨，王亚静，李宝玉．2009. 中国秸秆资源数量估算［J］．农业工程学报（25）：211－217.

毕于运，王亚静，高春雨．2010. 中国主要秸秆资源数量及其区域分布［J］．农机化研究（3）：1－7.

曹国良，张小曳，王亚强，郑方成．2007. 中国区域农田秸秆露天焚烧排放量的估算［J］．科学通报（15）：1826－1831.

曹国良，张小曳，郑方成，王亚强．2006. 中国大陆秸秆露天焚烧的量的估算［J］．资源科学（28）：9－13.

常志州，朱万宝，叶小梅，张建英．2000. 畜禽粪便除臭及生物干燥技术研究进展［J］．农村生态环境，16（1）：42－44.

陈羚，赵立欣，董保成，万小春，高新星．2010. 我国秸秆沼气工程发展现状与趋势［J］．可再生能源（3）：145－148.

陈梅雪，杨敏，贺泓．2005. 日本畜禽产业排泄物处理与循环利用的现状与技术［J］．环境污染治理技术与设备（3）：5－11.

陈新锋．2001. 对我国农村焚烧秸秆污染及其治理的经济学分析——兼论农业现代化过程中农业生产要素的工业替代［J］．中国农村经济（2）：47－52.

陈怡．2013. 国内秸秆人造板发展探析［J］．林产工业（4）：9－11.

陈勇，冯永忠，杨改河．2010. 陕西省农业非点源污染的环境库兹涅茨曲线验证［J］．农业技术经济（7）：22－29.

仇焕广，井月，廖绍攀，蔡亚庆．2013. 我国畜禽污染现状与治理政策的有效性分析［J］．中国环境科学（33）：2268－2273.

楚莉莉，李铁冰，冯永忠，杨改河，任广鑫．2011. 沼液预处理对小麦秸秆厌氧发酵产气特性的影响［J］．干旱地区农业研究（29）：247－251.

崔明，赵立欣，田宜水，孟海波，孙丽英，张艳丽，王飞，李冰峰．2008. 中国主要农作物秸秆资源能源化利用分析评价［J］．农业工程学报（24）：291－295.

崔卫芳，谭春荐，周继洲，杨改河．2013. 三江源区生物质资源沼气化利用潜力评价［J］．干旱地区农业研究（31）：156－160.

崔文文，梁军锋，杜连柱，张克强．2013. 中国规模化秸秆沼气工程现状及存在问题［J］．中国农学通报（11）：121－125.

单英杰，章明奎．2012. 不同来源畜禽粪的养分和污染物组成［J］．中国生态农业学报（23）：80－86.

丁晓雯，李薇，唐阵武．2008. 生物质能发电技术应用现状及发展前景［J］．现代化工（28）：110－113.

董红敏，朱志平，黄宏坤，陈永杏，尚斌，陶秀萍，周忠凯．2011. 畜禽养殖业产污系数和排污系数计算方法［J］．农业工程学报（27）：303－308.

都韶婷，单英杰，张树生，章永松．2010. 农业有机废弃物发酵 CO_2 施肥在大棚生产上的应用及其环境效应［J］．植物营养与肥料学报（16）：510－514.

樊志民．1992. 传统技术的梯度转递与陕南陕北的农业开发［J］．古今农业（1）：8－13.

樊志民．2004. 农业历史地理环境变迁与农业地域拓展［J］．人文地理（19）：74－78.

樊志民．2008. 农业进程中的“拿来主义”［J］．生命世界（7）：36－41.

方一平，秦大河，邓茂芝，葛中全．2012. 基于社会学视角的江河源区草地生态系统变化和影响因素研究［J］．干旱区地理（35）：73－81.

冯成洪，林建德，邵坚，刘姝芳，杨明，李艳霞，张荣华．2011. 欧美国家畜禽养殖业中雌激素管理法规及措施［J］．环境污染与防治（12）：82－86.

Grootaert C.，Bastelaer T. 2004. 社会资本在发展中的作用［M］．成都：西南财经大学出版社．

高定，陈同斌，刘斌，郑袁明，郑国砥，李艳霞．2006. 我国畜禽养殖业粪便污染风险与控制策略［J］．地理研究（25）：311－319.

高利伟，马林，张卫峰，王方浩，马文奇，张福锁．2009. 中国作物秸秆养分资源数量估算及其利用状况［J］．农业工程学报（25）：173－179.

高鹏，李呈琛，何文，姚远，王晓峰．2014. 汉中市农作物秸秆综合利用技术研究［J］．现代农业科技（8）：238－239.

耿维，胡林，崔建宇，卜美东，张蓓蓓．2013. 中国区域畜禽粪便能源潜力及总量控制研究［J］．农业工程学报（29）171－179.

耿言虎．2014. 从生活世界到自然资源：“人——自然”关系演变视角下的森林退化［J］．中国农业大学学报（社会科学版）（31）：70－78.

顾立伟，刘杨．2013. 关于中国养猪业的思考［J］．中国畜牧杂志（2）：50－54.

管小冬．2006. 农作物秸秆资源利用浅析［J］．农业工程学报（22）：104－106.

郭文静，鲍甫成，王正．2008. 可降解生物质复合材料的发展现状与前景［J］．木材工业

(1)：12-14.

国家环保总局．1990. 中国土壤元素背景值［M］．北京：中国环境科学出版社．

国家环境保护总局自然生态保护司．2002. 全国规模化畜禽养殖业污染情况调查及防治对策［M］．北京：中国环境科学出版社．

韩冬梅，金书秦，沈贵银，梁健聪．2013. 畜禽养殖污染防治的国际经验与借鉴［J］．世界农业（5）：8-12，153.

韩明鹏，高永革，王成章，王彦华，张晓霞．2010. 玉米秸秆发酵饲料的研究进展［J］．江苏农业科学（2）：242-245.

韩月梅，沈振兴，曹军骥，李旭祥，赵景联，刘萍萍，王云海，周娟．2009. 西安市大气颗粒物中水溶性无机离子的季节变化特征［J］．环境化学（28）：261-266.

何可，张俊飚，丰军辉．2014. 农业废弃物基质化管理创新的扩散困境——基于自我雇佣型女性农民视角的实证分析［J］．华中农业大学学报（社会科学版）（4）：10-16.

何立明，王文杰，王桥，魏斌，厉青，王昌佐，刘晓曼．2007. 中国秸秆焚烧的遥感监测与分析［J］．中国环境监测（23）：42-50.

何晓红，马月辉．2007. 由美国、澳大利亚、荷兰养殖业发展看我国畜牧业规模化养殖［J］．中国畜牧兽医（4）：149-152.

侯刚，李轶冰，席建超，杨改河，罗诗峰．2009. 中国秸秆生物质发电区域适宜度分异评价［J］．干旱地区农业研究（27）：189-196.

胡艳霞，周连第，李红，王爱玲，史殿林，王宇，严茂超．2009. 北京郊区生物质两种气站净产能评估与分析［J］．农业工程学报（25）：200-203.

黄灿，李季．2006. 添加剂在减少畜禽粪便污染中的应用与发展前景［J］．农业环境科学学报（25）：787-791.

黄建伟，陈良正．2012. 云南省农村人畜粪便资源沼气产气量及其效益评估［J］．西南农业学报（25）：1884-1888.

黄鹏，杨亚丽，杨育川．2013. 不同秸秆还田方式及施肥对小麦复种小油菜经济效益的影响［J］．中国农学通报（29）：53-57.

黄武，黄宏伟，朱文家．2012. 农户秸秆处理行为的实证分析——以江苏省为例［J］．中国农村观察（4）：37-43，69，93.

黄祖辉，高杜玲．2012. 农民专业合作社服务功能的实现程度及其影响因素［J］．中国农村经济（7）：4-16.

惠立峰．2007. 农作物秸秆机械化的若干问题——关于陕西省秸秆综合利用的调查与思考［J］．当代农机（9）：32-34.

贾玉．2010. 陕西农业废弃物资源化利用效益研究［D］．杨凌：西北农林科技大学．

江国成，杨玉华．2010. 我国将加快秸秆资源化步伐［J］．农村新技术（8）：4.

姜振华．2008. 论社会资本的核心构成要素［J］．首都师范大学学报（社会科学版）（5）：

70 - 74.

焦翔翔，靳红燕，王明明 . 2011. 我国秸秆沼气预处理技术的研究及应用进展［J］. 中国沼气（1）：29 - 33.

雷成，陈佰鸿，郁继华，包建财，冯致，卜瑞方，杨娟 . 2014. 西部七省区畜禽废弃物利用状况的调查与探讨［J］. 干旱区资源与环境，28（5）：77 - 83.

李伯重 .1984. 明清江南工农业生产中的燃料问题［J］. 中国社会经济史研究（4）：34 -49.

李伯重 . 1999. 明清江南肥料需求的数量分析——明清江南肥料问题探讨之一［J］. 清史研究（1）：30 - 38，108.

李飞，董锁成 . 2011. 西部地区畜禽养殖污染负荷与资源化路径研究［J］. 资源科学（33）：2204 - 2211.

李豪 . 2013. 从秸秆焚烧致空气污染看秸秆综合利用［J］. 环境保护（41）：65 - 66.

李建平，上官周平 . 2011. 陕西果业发展对农户粮食生产和粮食安全影响的调查［J］. 干旱地区农业研究（29）：264 - 269，276.

李江涛，钟晓兰，赵其国 . 2011. 畜禽粪便施用对稻麦轮作土壤质量的影响［J］. 生态学报（31）：2837 - 2845.

李荣华 . 2013. 添加重金属钝化剂对猪粪好氧堆肥的影响研究［D］. 杨凌：西北农林科技大学 .

李森，张世熔，罗洪华，周玲，王贵胤，沈乂畅 . 2013. 不同施肥处理土壤水溶性有机碳含量特征及动态变化［J］. 农业环境科学学报（32）：314 - 319.

李书田，刘荣乐，陕红 . 2009. 我国主要畜禽粪便养分含量及变化分析［J］. 农业环境科学学报（28）：179 - 184.

李炜，张红 . 2013. 山西省农田秸秆露天焚烧碳释放量估算［J］. 中国农学通报（29）：118 - 123.

李文哲，徐名汉，李晶宇 . 2013. 畜禽养殖废弃物资源化利用技术发展分析［J］. 农业机械学报（44）：135 - 142.

李轶冰，杨改河，楚莉莉，陈豫 . 2009. 中国农村户用沼气主要发酵原料资源量的估算［J］. 资源科学（31）：231 - 237.

李逸辰，康文星，何介南 . 2014. 陕西省秸秆资源能源化潜力评价［J］. 现代农业科技（8）：168 - 170.

李云生，王东，张震宇 . 2004. 我国西北地区水污染现状分析及防治对策［M］//. 王金南，田仁生，洪亚雄，译 . 北京：中国环境科学出版社 .

李振宇，黄少安 . 2002. 制度失灵与技术创新——农民焚烧秸秆的经济学分析［J］. 中国农村观察（5）：12 - 16.

廖新俤 . 2012. 我国畜禽粪便创新性处置影响因素分析［J］. 中国家禽（5）：1 - 4.

林源，马骥，秦富．2012. 中国畜禽粪便资源结构分布及发展展望［J］．中国农学通报（32）：1－5.

刘德军．2014. 雾霾天气防治的路径与对策建议［J］．宏观经济管理（1）：36－38.

刘东，马林，王方浩，卞芬茹，马文奇，张福锁．2007. 中国猪粪尿 N 产生量及其分布的研究［J］．农业环境科学学报（4）：1591－1595.

刘刚，沈镭．2007. 中国生物质能源的定量评价及其地理分布［J］．自然资源学报（22）：9－19.

刘金鹏，鞠美庭，刘英华，王平，吴文韬，佟树敏．2011. 中国农业秸秆资源化技术及产业发展分析［J］．生态经济（5）：136－141.

刘培芳，陈振楼，许世远，刘杰．2002. 长江三角洲城郊畜禽粪便的污染负荷及其防治对策［J］．长江流域资源与环境（11）：456－460.

刘清泉，周发明．2012. 我国生猪养殖效益的影响因素分析［J］．中国畜牧杂志（22）：47－50，54.

刘炜．2008. 加拿大畜牧业清洁养殖特点及启示［J］．中国牧业通讯（10）：18－19.

刘晓峰．2011. 社会资本对中国环境治理绩效影响的实证分析［J］．中国人口·资源与环境（3）：20－24.

刘媛，樊志民．2013. 1840 年以前清代关中棉桑关系探析——以杨屾农桑观点为例［J］．中国农学通报（29）：109－113.

卢宁，李国平．2009. 基于 EKC 框架的社会资本水平对环境质量的影响研究——来自中国 1995—2007 年面板数据［J］．统计研究（26）：68－76.

吕建强，吕宸，王国平，高红，吴海霞．2013. 压缩式农作物秸秆收集运输车的研发［J］．农机化研究（8）：104－107.

吕效谱，成海容，王祖武，张帆．2013. 中国大范围雾霾期间大气污染特征分析［J］．湖南科技大学学报（自然科学版）（28）：104－110.

马成林，周德翼．2014. 中国生猪规模增长与养殖技术变化的实证研究［J］．华中农业大学学报（社会科学版）（4）：30－35.

马戎．1998. 必须重视环境社会学——谈社会学在环境科学中的应用［J］．北京大学学报（哲学社会科学版）（35）：103－110.

富兰克林．H. 金．2011. 四千年农夫［M］．程存旺，石嫣，译．北京：东方出版社．

梅付春．2008. 秸秆焚烧污染问题的成本—效益分析——以河南省信阳市为例［J］．环境科学与管理（33）：30－37.

蒙凯．2013. 陕西省三原县机械化秸秆综合利用工作主要做法及思路［J］．北京农业（27）：159－160.

孟晓艳，余予，张志富，李钢，王帅，杜丽．2014. 2013 年 1 月京津冀地区强雾霾频发成因初探［J］．环境科学与技术（1）：190－194.

穆泉，张世秋．2013. 2013年1月中国大面积雾霾事件直接社会经济损失评估［J］．中国环境科学（33）：2087－2094.

农业部科技教育司，第一次全国污染源普查领导小组办公室，中国农业科学院农业环境与可持续发展研究所，环境保护部南京环境科学研究所．2009. 第一次全国污染源普查——畜禽养殖业源产排污系数手册［R］．

欧阳克蕙，易中华，瞿明仁，游金明，黎观红，宋小珍，潘珂．2010. 稻草饲料资源开发利用新技术［J］．饲料研究（4）：72－74.

钱忠好，崔红梅．2010. 农民秸秆利用行为：理论与实证分析——基于江苏省南通市的调查数据［J］．农业技术经济（9）：4－9.

全球生物技术大会．2010. 生物精炼工业的未来［R］．华盛顿，2006－06.

陕西省统计局．2010. 陕西统计年鉴2010［M］．北京：中国统计出版社．

陕西省畜牧兽医局．2011. 陕西省畜牧兽医局关于公布2010年度陕西省畜禽标准化示范场名单的通知．http：//www. snav. cn，2011－02－23.

沈跃．2005. 国内外控制养殖业污染的措施及建议［J］．中国畜牧兽医文摘（3）：6－8.

宋彩红，贾璇，李鸣晓，祝超伟，于燕波，魏自民，潘红卫．2013. 沼渣与畜禽粪便混合堆肥发酵效果的综合评价［J］．农业工程学报（29）：227－234.

宋籽霖．2013. 秸秆沼气厌氧发酵的预处理工艺优化及经济实用性分析［D］．杨凌：西北农林科技大学．

苏杨．2006. 我国集约化畜禽养殖场污染问题研究［J］．中国生态农业学报（2）：15－18.

孙革．2009. 农村沼气在改善农村生态环境中的地位和作用［J］．农业经济（10）：29.

孙丽欣，丁欣，张汝飞．2012. 国外农村环保政策经验及我国农村环保政策体系构建［J］．中国水土保持（2）：21－24.

孙茜．2007. 美国对畜牧业财政支持的政策及做法［J］．山西农业（畜牧兽医）（6）：52－53.

孙永明，李国学，张夫道，施晨璐，孙振钧．2005. 中国农业废弃物资源化现状与发展战略［J］．农业工程学报（21）：169－173.

孙志华，张金水，同延安．2011. 陕西省有机肥施用调查及影响因素分析［J］．安徽农业科学，39（25）：15295－15296.

覃国栋，刘荣厚，孙辰．2011. NaOH预处理对水稻秸秆沼气发酵的影响［J］．农业工程学报（27）：59－63.

谭美英，武深树，邓云波，刘伟．2011. 湖南省畜禽粪便排放的时空分布特征［J］．中国畜牧杂志（47）：43－48.

谭祖琴，徐文修．2008. 新疆农村有机废弃物资源量概算及沼气潜力分析［J］．可再生能源（26）：104－106.

汤国辉，张锋．2010. 农户生猪养殖新技术选择行为的影响因素［J］．中国农学通报

(14)：37－40.

唐艳冬，蒋磊，杨玉川，陈坤．2013．意大利火力发电与雾霾治理对我国的启示［J］．环境保护（24)：29－31.

田涛，陈秀峰．2010．对陕西秸秆综合利用的再认识［J］．农业环境与发展（5)：25－28，38.

万合锋，赵晨阳，钟佳，葛振，魏源送，郑嘉熹，邬玉龙，韩圣慧，郑博福，李洪枚．2014．施用畜禽粪便堆肥品的蔬菜地 CH_4，N_2O 和 NH_3 排放特征［J］．环境科学（35)：892－900.

万田平，齐宇．2013．天津市农村沼气生物质能发展概述［J］．可再生能源（31)：125－128.

汪海波，秦元萍，余康．2008．我国农作物秸秆资源的分布、利用与开发策略［J］．国土与自然资源研究（2)：92－93.

汪海波，章瑞春．2007．中国农作物秸秆资源分布特点与开发策略［J］．山东省农业管理干部学院学报（2)：164－165.

王方浩，马文奇，窦争霞，林马，刘小利，许俊香，张福锁．2006．中国畜禽粪便产生量估算及环境效应［J］．中国环境科学（26)：614－617.

王芳，岑华芳，陈俊安．2010．两种生猪饲养模式的生产效率比较［J］．四川农业大学学报（4)：512－517.

王金南，蒋洪强，张惠远．2011．关于建立我国环境区划体系的探讨［M］//．王金南，陆军，吴舜泽．北京：中国环境科学出版社．

王丽，李雪铭，许妍．2008．中国大陆秸秆露天焚烧的经济损失研究［J］．干旱区资源与环境（22)：170－175.

王思明．2014．如何看待明清时期的中国农业［J］．中国农史（1)：3－12.

王亚静，毕于运，高春雨．2010．中国秸秆资源可收集利用量及其适宜性评价［J］．中国农业科学（43)：1852－1859.

韦秀丽，高立洪，龙翰威，徐进．2011．重庆农村有机废弃物产沼气潜力估算及减排效益［J］．安徽农业科学（39)：19377－19379.

尉建文，赵延东．2011．权力还是声望？——社会资本测量的争论与验证［J］．社会学研究（3)：64－83.

文凌．2012．陕西省畜禽养殖污染调查及环境监管［D］．杨凌：西北农林科技大学．

吴兑，吴晓京，李菲，谭浩波，陈静，曹治强，孙弦，陈欢欢，李海燕．2010．1951—2005年中国大陆霾的时空变化［J］．气象学报（5)：680－688.

吴飞龙，林代炎，叶美锋．2009．福建省畜禽养殖业废弃物污染风险评估［J］．中国农学通报（25)：445－449.

吴根义，廖新俤，贺德春，李季．2014．我国畜禽养殖污染防治现状及对策（33)：

1261 -1264.

吴菊香，王宝亮，王海兰，许婷婷，谢宏峰，许曼琳，杨吉顺，陈蕾，李尚霞，迟玉成．2013. 不同耕作方式对花生田蛴螬发生及产量的影响［J］．湖北农业科学（52）：1565－1566.

伍芬琳，张海林，李琳，陈阜，黄凤球，肖小平．2008. 保护性耕作下双季稻农田甲烷排放特征及温室效应［J］．中国农业科学（41）：2703－2709.

武深树，谭美英，刘伟．2012. 沼气工程对畜禽粪便污染环境成本的控制效果［J］．中国生态农业学报（2）：247－252.

谢光辉，韩东倩，王晓玉，吕润海．2011. 中国禾谷类大田作物收获指数和秸秆系数［J］．中国农业大学学报（16）：1－8.

谢光辉，王晓玉，韩东倩，薛帅．2011. 中国非禾谷类大田作物收获指数和秸秆系数［J］．中国农业大学学报（16）：9－17.

谢光辉，王晓玉，任兰天．2010. 中国作物秸秆资源评估研究现状［J］．生物工程学报（26）：855－863.

谢中起，缴爱超．2013. 以社区为基础的农村环境治理模式析要［J］．生态经济（7）：157 -162.

许成委，卜凤贤，陈静．2010. 草木灰在古代生活中的再利用研究［J］．农业考古（1）：12 -16.

许成委．2010. 中国古代农村生活废弃物再利用研究［D］．杨凌：西北农林科技大学．

许俊香，刘晓利，王方浩，张福锁，马文奇．2005. 中国畜禽粪尿磷素养分资源分布以及利用状况［J］．河北农业大学学报（28）：5－9.

阎波杰，赵春江，潘瑜春，闫静杰，郭欣．2010. 大兴区农用地畜禽粪便氮负荷估算及污染风险评价［J］．环境科学（31）：437－443.

颜丽，宋杨，贺靖，陈盈，张昀，鲍艳宇，关连珠．2004. 玉米秸秆还田时间和还田方式对土壤肥力和作物产量的影响［J］．土壤通报（2）：143－148.

杨凌示范区环境保护局．2014. http：//www. yanglingepb. cn/main/View. aspx? id＝1439.

杨凌示范区农业高新园区．http：//www. ylagri. gov. cn.

杨文歆，张晖．2014. 影响农户沼气使用意愿的因素及对策探析——以陕西省杨凌示范区为例［J］．宁夏农林科技（1）：108－110.

杨治平，周怀平，李红梅．2001. 旱农区秸秆还田秋施肥对春玉米产量及水分利用效率的影响［J］．农业工程学报（17）：49－52.

杨中平，郭康权，朱新华，阎晓莉，韩文霆．2001. 秸秆资源工业化利用产业及模式（英文）［J］．农业工程学报（17）：27－31.

杨子仪，吴景贵，冯娜娜，陈闯．2014. 不同畜禽粪肥与化肥配施下黑土中 Zn 含量及形态变化特征［J］．农业环境科学学报（33）：1728－1735.

翟慧娟，刘金朋，王官庆．2012. 大型沼气发电综合利用工程效益评价研究［J］．华东电力

(40)：1241-1244.
张海成，张婷婷，郭燕，杨改河．2012. 中国农业废弃物沼气化资源潜力评价［J］．干旱地区农业研究（30）：194-199.
张晖，虞祎，胡浩．2011. 基于农户视角的畜牧业污染处理意愿研究——基于长三角生猪养殖户的调查［J］．农村经济（10）：92-94.
张晖，张静．2012. 农村能源利用与发展问题研究［J］．林业经济（9）：93-96.
张金水，同延安，云伟祥，周军．2008. 陕西省农业废弃物养分资源肥料化利用现状与前景分析［J］．磷肥与复肥（28）：52-54，39.
张俊哲，王春荣．2012. 论社会资本与中国农村环境治理模式创新［J］．社会科学战线（3）：232-234.
张培，朱涵，刘春生．2013. 狭义物化能概念下建材 CO_2 的排放量分析［J］．安全与环境学报（13）：76-78.
张培栋，杨艳丽，李光全，李新荣．2007. 中国农作物秸秆能源化潜力估算［J］．可再生能源（25）：80-83.
张田，卜美东，耿维．2012. 中国畜禽粪便污染现状及产沼气潜力［J］．生态学杂志（5）：1241-1249.
张晓东．2006. 禽粪便好氧堆肥高温细菌相关性的研究［D］．哈尔滨：东北农业大学．
张晓红．2010. 中国生物质能发展动态［J］．山西财经大学学报（32）：30，39.
张兴，乔召旗，林郁．2010. 西部贫困地区农村能源刚性研究——基于滇西北的问卷调查［J］．西南农业学报（23）：948-952.
张旭，李永贵．2013. 社会资本、集体行动与可持续发展［J］．理论学刊（4）：51-55.
张绪美，董元华，王辉，沈旦，刘德雄．2007. 江苏省农田畜禽粪便负荷时空变化［J］．地理科学（4）：597-601.
张绪美，董元华，王辉，沈旦．2007. 中国畜禽养殖结构及其粪便 N 污染负荷特征分析［J］. 环境科学（28）：1311-1318.
张颖，陈艳．2012. 中部地区生物质资源潜力与减排效应估算［J］．长江流域资源与环境（21）：1185-1190.
张月，邱凌，李自林，孙全平，井良霄．2013. 沼肥中重金属对土壤和植物影响及控制技术研究［J］．农机化研究（6）：198-201.
赵雪雁．2010. 社会资本与经济增长及环境影响的关系研究［J］．中国人口·资源与环境（20）：68-73.
赵永清，唐步龙．2007. 农户农作物秸秆处置利用的方式选择及影响因素研究——基于苏、皖两省实证［J］．生态经济（2）：244-246，64.
赵佐平，刘智峰，同延安．2014. 汉江上游主要农作物氮肥投入特点及土壤养分负荷分析［J］．环境科学学报，DOI：10.13 671/j. hjkxxb. 2014.0 681.

浙江省农业厅．2008. 日本畜禽粪便处理考察报告及启示［J］．中国家禽（30）：30.

郑戈，李景明，孙玉芳．2006. 生物质压缩成型技术进展及产业化发展前景探讨［J］．循环农业与新农村建设——2006年中国农学会学术年会论文集．

中国国家发展委员会．全国秸秆综合利用和焚烧情况表（发改办环资［2014］516号）．http：//www. sdpc. gov. cn/zcfb/zcfbtz/ 201 403/t20 140 317 _ 602 802. html.

中国农业部，美国能源部．1998. 中国生物质资源可获得性评价［M］．北京：中国环境科学出版社．

钟华平，岳燕珍，樊江文．2003. 中国作物秸秆资源及其利用［J］．资源科学（25）：62 -67.

周怀平，解文艳，关春林，杨振兴，李红梅．2013. 长期秸秆还田对旱地玉米产量、效益及水分利用的影响［J］．植物营养与肥料学报（19）：321 - 330.

周晔馨．2012. 社会资本是穷人的资本吗？——基于中国农户收入的经验证据［J］．管理世界（7）：83 - 95.

朱大威，常志州，杨四军，顾克军，黄克良．2011. 基于Logit模型的农户禁烧秸秆意愿分析——以江苏省扬中市油坊镇为例［J］．江苏农业科学（39）：497 - 499.

朱建春，李荣华，杨香云，张增强，樊志民．2012. 近30年来中国农作物秸秆资源量的时空分布［J］．西北农林科技大学学报（自然科学版）（40）：139 - 145.

朱建春，李荣华，张增强，毛晖，樊志民．2013. 陕西规模化猪场猪粪与饲料重金属含量研究［J］．农业机械学报（44）：98 - 104.

朱建春，张增强，樊志民，李荣华．2014. 中国畜禽粪便的能源潜力、氮磷耕地负荷及总量控制［J］．农业环境科学学报（33）：435 - 445.

朱建春，张增强，李荣华．2011. 陕西关中地区作物秸秆资源的综合利用现状及其影响因素模型［J］．农业环境与发展（28）：12 - 17.

朱启荣．2008. 城郊农户处理农作物秸秆方式的意愿研究——基于济南市调查数据的实证分析［J］．农业经济问题（5）：103 - 109.

朱新华，杨中平．2011. 陕西省秸秆资源收储体系研究［J］．农机化研究（7）：69 - 72.

朱增勇，李思经．2007. 美国生物质能源开发利用的经验和启示［J］．世界农业（6）：52 -54.

左正强．2011. 农户秸秆处置行为及其影响因素研究——以江苏省盐城市264个农户调查数据为例［J］．统计与信息论坛（26）：109 - 113.

Adger W N. 2003. Social capital，collective action and adaptation to climate change［J］. Economic Geography（79）：387 - 404.

Amon T，Amon B，Kryvoruchko V，Zollitsch W，Mayer K，Gruber L. 2007. Biogas production from maize and dairy cattle manure - Influence of biomass composition on the methane yield［J］. Agriculture. Ecosystems & Environment，118：173 - 182.

Amy M B, Hagedorn C, Alexandria K G, Sarah C H, Karen H M. 2003. Sources of fecal pollution in Virginia' s Blackwater River [J]. Journal of Environmental Engineering, 129: 547-552.

Arthur R, Baidoo M F. 2011. Harnessing methane generated from livestock manure in Ghana, Nigeria, Mali and Burkina Faso [J]. Biomass & Bioenergy, 35: 4648-4656.

Benl J, Mark H. 2002. A comparison of production costs, returns and profitability of swine finishing systems [R]. Ames: Iowa State University.

Brian M D, Marc L H, Daniel P. 2008. Agricultural nonpoint source water pollution policy: The case of California' s Central Coast [J]. Agriculture, Ecosystems and Environment, 128: 151-161.

Bryan B A, Crossman N D, King D, Meyer W S. 2011. Landscape futures analysis: Assessing the impacts of environmental targets under alternative spatial policy options and future scenarios [J]. Environmental Modelling & Software, 26: 83-91.

Cao G L, Zhang X Y, Wang Y Q, Zheng F C. 2008. Estimation of emissions from field burning of crop straw in China [J]. Chinese Science Bulletin, 53: 784-790.

Cao S X, Xu C G, Chen L, Wang X Q. 2009. Attitudes of farmers in China's northern Shaanxi Province towards the land-use changes required under the Grain for Green Project, and implications for the project's success [J]. Land Use Policy, 26: 1182-1194.

Carpenter S R. 2008. Phosphorus control is critical to mitigating eutrophication [J]. Proceedings of the national academy of sciences of the United States of America, 105: 11039-11040.

Champagne P. 2008. Bioethanol from agricultural Waste Residues [J]. Environmental Progress, 27: 51-56.

Chander K, Mohanty A K, Joergensen R G. 2002. Decomposition of biodegradable packing materials jute, biopol, BAK and their composites in soil [J]. Biology and Fertility of Soils, 36: 344-349.

Chang I, Wu J, Zhou C, Shi M, Yang Y. 2014. A time-geographical approach to biogas potential analysis of China [J]. Renewable & Sustainable Energy Reviews, 37: 318-333.

Chen B, Chen S. 2013. Life cycle assessment of coupling household biogas production to agricultural industry: A case study of biogas-linked persimmon cultivation and processing system [J]. Energy Policy, 62: 707-716.

Dale A, Onyx J. 2005. A dynamic balance: Social capital and sustainable community development [M]. British Columbia: UBC Press.

Devendra C. 2007. Perspectives on animal production systems in Asia [J]. Livestock Science, 106: 1-18.

Ding W G, Niu H W, Chen J S, Du J, Wu Y. 2012. Influence of household biogas digester use on household energy consumption in a semi - arid rural region of northwest China [J]. Applied Energy, 97: 16 - 23.

Doring T F, Brandt M, Hess J, Finckh M R, Saucke H. 2005. Effects of straw mulch on soil nitrate dynamics, weeds, yield and soil erosion in organically grown potatoes [J]. Field Crops Research, 94: 238 - 249.

Dutreuil M, Wattiaux M, Hardie C A, Cabrera V E. 2014. Feeding strategies and manure management for cost - effective mitigation of greenhouse gas emissions from dairy farms in Wisconsin [J] . Journal Of Dairy Science, 97: 5904 - 5917.

Grafton R Q, Knowles S. 2004. Social capital and national environmental performance: A cross - sectional analysis [J] . Journal of Environment and Development, 13: 336 - 370.

Guerra - Rodriguez E, Alonso J, Melgar M, Manuel V. 2006. Evaluation of heavy metal contents in co - compost of poultry manure with barley wastes or chestnut burr/leaf litter [J]. Chemosphere, 65: 1801 - 1805.

Holt G A, McIntyre G, Flagg D, Bayer E, Wanjura J D, Pelletier M G. 2012. Fungal mycelium and cotton plant materials in the manufacture of biodegradable molded packaging material: Evaluation study of select blends of cotton byproducts [J] . Journal of Biobased Materials and Bioenergy, 6: 431 - 439.

Imbeah M. 1998. Composting piggery waste: A review [J] . Bioresource Technology, 63: 197 - 203.

Jiang X J, Dong R F, Zhao R M. 2011. Meat products and soil pollution caused by livestock and poultry feed additive in Liaoning, China [J] . Journal of Environmental Sciences, 23: S135 - S137.

Jodha N. 1990. Common property resources and rural poor in dry regions of India [J]. Economic and Political Weekly, 21: 1169 - 1181.

Ju X T, Zhang F S, Bao X M, Romheld V, Roelcke M. 2005. Utilization and management of organic wastes in Chinese agriculture: Past, present and perspectives [J] . Science In China Series C Life Sciences, 48: 965 - 979.

Jules P. 2003. Social capital and the collective management of resources [J] . Science, 302: 1912 - 1914.

Jung J, Kim Y J. 2011. Tracking sources of severe haze episodes and their physicochemical and hygroscopic properties under Asian continental outflow: Long - range transport pollution, postharvest biomass burning, and Asian dust [J] . Journal of Geophysical Research Atmospheres, 116: DOI: 10. 1 029/2010JD 014 555.

Katz E G. 2000. Social capital and natural capital: A comparative analysis of land tenure and natural resource management in Guatemala [J]. Land Economics, 76: 114 - 132.

Khanal S K, Xie B, Thompson M L, Sung S, Ong S, Van Leeuwent J. 2006. Fate, transport, and biodegradation of natural estrogens in the environment and engineered systems [J]. Environmental Science & Technology, 40: 6537 - 6546.

Knack S, Keefer P. 1997. Does social capital have an economic payoff? A cross - country investigation [J]. Quarterly Journal Of Economics, 112: 1251 - 1288.

Koppen V. 2000. Resource, Arcadia, lifeworld, nature concepts in environmental sociology [J]. Sociologia Ruralis, 40: 300 - 318.

Li H, Yingxu C, Weixiang W. 2012. Impacts upon soil quality and plant growth of bamboo charcoal addition to composted sludge [J]. Environmental Technology, 33: 61 - 68.

Li J F, Hu R Q, Song Y Q, Shi J L, Bhattacharya S C, Salam P A. 2005. Assessment of sustainable energy potential of no plantation biomass resources in China [J]. Biomass & Bioenergy, 29: 167 - 177.

Li W J, Shao L Y, Buseck P R. 2010. Haze types in Beijing and the influence of agricultural biomass burning [J]. Atmospheric Chemistry and Physics, 10: 8119 - 8130.

Li Y X, Xiong X, Lin C Y, Zhang F S, Li W, Han W. 2010. Cadmium in animal production and its potential hazard on Beijing and Fuxin farmlands [J]. Journal Of Hazardous Materials, 177: 475 - 480.

Li Y, Song G, Wu Y, Wan W, Zhang M, Xu Y. 2009. Evaluation of water quality and protection strategies of water resources in arid - semiarid climates: A case study in the Yuxi River Valley of Northern Shaanxi Province, China [J]. Environmental Geology, 57: 1933 -1938.

Liu Y, Wang J, Liu D B, Li Z G, Zhang G S, Tao Y, Xie J, Pan J F, Chen F. 2014. Straw mulching reduces the harmful effects of extreme hydrological and temperature conditions in Citrus Orchards [J]. PLoS ONE 9 (1): e87 094. doi: 10. 1 371/journal. pone. 0 087 094.

Luo L, Ma Y B, Zhang S Z, Wei D, Zhu Y G. 2009. An inventory of trace element inputs to agricultural soils in China [J]. Journal Of Environmental Management, 90: 2524 - 2530.

Mallin M A, Cahoon L B. 2003. Industrialized animal production—A major source of nutrient and microbial pollution to aquatic ecosystems [J]. Population and Environment, 24: 369 - 385.

Mark P, Chris H. 2005. Understanding adaptation: What can social capital offer assessments of adaptive capacity [J]. Global Environmental Change, 15: 308 - 319.

Mendoza H R, Eva G, Kun Z, Liu X, Hartung E. 2010. Pig husbandry and solid manures in a commercial pig farm in Beijing, China [J]. International Journal of Biological and Life Sciences, 6: 107 - 116.

Mishima S, Endo A, Kohyama K. 2009. Recent trend in residual nitrogen on national and regional scales in Japan and its relation with groundwater quality [J] . Nutrient Cycling In Agro－ecosystems，83：1－11.

Mohan G，Mohan J. 2002. Placing social capital [J] . Progress in Human Geography，26：191－210.

Moral R，Perez－Murcia M D，Perez－Espinosa A，Moreno－Caselles J，Paredes C，Rufete B. 2008. Salinity，organic content，micronutrients and heavy metals in pig slurries from South－eastern Spain [J] . Waste Management，28：367－371.

Murphy J. 2006. Building trust in economic space [J] . Progress in Human geography，30：427－450.

Paer W H，Huisman J. 2008. Blooms like it hot [J] . Science，320：57－58.

Pan X L，Kanaya Y，Wang Z F，Taketani F，Tanimoto H，Irie H，Takashima H，Inomata S. 2012. Emission ratio of carbonaceous aerosols observed near crop residual burning sources in a rural area of the Yangtze River Delta Region，China [J] . Journal of Geophysical Research，117：DOI：10. 1029/2012JD018357.

Pretty J. 2003. social capitial and the collective management of resources [J] . Science，302：1912－1914.

Putnam R. 1993. Making democracy work：Civic traditions in modern Italy [M] . Princeton：Princeton University Press.

Rayner S，Malone E L. 2001. Climate change，poverty and intergenerational equity：The national level [J] . International Journal of Global Environmental Issues，1：175－202.

Ritter W. 2001. Agricultural nonpoint source pollution：watershed management and hydrology [J] . Los Angeles：CRC PressLLC：136－158.

Rong G W，Wei W L. 2010. Causes and control countermeasures of agricultural non－Point source pollution in Shaanxi section of Wei River basin [C] . In：Zhang M X，MIN K S. Proceedings of 2010 international workshop on diffuse pollution－management measure and control technique：47－51.

Suddell B C，Evans W J. 2003. The increasing use and application of natural fiber composite materials within the automotive industry [C] . Madison，USA，The Seventh International Conference on Wood fiber－Plastic Composites：7－14.

Tortosa G，Antonio Alburquerque J，Ait－Baddi G，Cegarra J. 2012. The production of commercial organic amendments and fertilisers by composting of two－phase olive mill waste (“alperujo”) [J] . Journal of Cleaner Production，26：48－55.

Tu C，Ristaino J B，Hu S J. 2006. Soil microbial biomass and activity in organic tomato farming systems：Effects of organic inputs and straw mulching [J] . Soil Biology & Biochemistry，38：247－255.

Unc A，Goss M J. 2004. Transport of bacteria from manure and protection of water resources ［J］. Applied Soil Ecology，25：1－18.

US EPA. 1996. Strategic plan for the office of research and develop－ment ［EB/ol］. http：//www.epa.gov/osp/strtplan/documents/ord96st plan.pdf.

US EPA. 1998. STAR report：the endocrine disruptor problem. http：//www.epa.gov/ncer/publications/starreport/startree.pdf.

Wang G H，Chen C L，Li J J，Zhou B H，Xie M J，Hu S Y，Kawamura K，Chen Y. 2011. Molecular composition and size distribution of sugars，sugar－alcohols and carboxylic acids in airborne particles during a severe urban haze event caused by wheat straw burning ［EB/ol］. Atmospheric Environment，45：2473－2479.

Wang H，Liang X，Jiang P，Wang J，Wu S，Wang H. 2008. TN：TP ratio and planktivorous fish do not affect nutrient－chlorophyll relationships in shallow lakes ［J］. Freshwater Biology，53：935－944.

Wang Z W，Lei T Z，Yan X Y，Li Y L，He X F，Zhu J L. 2012. Assessment and utilization of agricultural residue resources in HeNan Province，China ［J］. Bioresources，7：3847－3861.

Xiong X，Yanxia L，Wei L，Chunye L，Wei H，Ming Y. 2010. Copper content in animal manures and potential risk of soil copper pollution with animal manure use in agriculture ［J］. Resources，Conservation and Recycling，54：985－990.

Yang X，Sun B，Zhang S. 2014. Trends of yield and soil fertility in a long－term wheat－maize system ［J］. Journal of Integrative Agriculture，13：402－414.

Zervas G，Tsiplakou E. 2012. An assessment of GHG emissions from small ruminants in comparison with GHG emissions from large ruminants and monogastric livestock ［J］. Atmospheric Environment，49：13－23.

Zhang F S，Li Y X，Yang M，Li W. 2012. Content of heavy metals in animal feeds and manures from farms of different scales in Northeast China ［J］. International Journal of Environmental Research and Public Health，9：2658－2668.

Zhang H F，Ye X N，Cheng T T，Chen J M，Yang X，Wang L，Zhang R Y. 2008. A laboratory study of agricultural crop residue combustion in China：Emission factors and emission inventory ［J］. Atmospheric Environment，42：8432－8441.

Zhang Q Z，Yang Z L，Wu W L. 2008. Role of crop residue management in sustainable agricultural development in the North China Plain ［J］. Journal Of Sustainable Agriculture，32：137－148.

Zhu K，Christel W，Bruun S，Jensen L S. 2014. The different effects of applying fresh，composted or charred manure on soil N_2O emissions ［J］. Soil Biology & Biochemistry，74：61－69.

附　　件

附件 1　秸秆燃烧产生的污染物清单

秸秆燃烧产生的污染物清单

（王丽等，2008）

单位：万吨

	秸秆焚烧量	TSP	PM_{10}	SO_2	NO_X	NH_3	CH_4	EC	OC	VOC	CO	CO_2
全国	14 053.00	154.58	81.09	5.62	35.13	18.27	23.61	9.70	46.37	220.63	792.59	2 129.03
北京	59.34	0.65	0.34	0.02	0.15	0.08	0.10	0.04	0.20	0.93	3.35	8.99
天津	86.91	0.96	0.50	0.03	0.22	0.11	0.15	0.06	0.29	1.36	4.90	13.17
河北	1 107.54	12.18	6.39	0.44	2.77	1.44	1.86	0.76	3.65	17.39	62.47	167.79
山西	340.62	3.75	1.97	0.14	0.85	0.44	0.57	0.24	1.12	5.35	19.21	51.60
内蒙古	518.26	5.70	2.99	0.21	1.30	0.67	0.87	0.36	1.71	8.14	29.23	78.52
辽宁	628.97	6.92	3.63	0.25	1.57	0.82	1.06	0.43	2.08	9.87	35.47	95.29
吉林	850.64	9.36	4.91	0.34	2.13	1.11	1.43	0.59	2.81	13.36	47.98	128.87
黑龙江	829.05	9.12	4.78	0.33	2.07	1.08	1.39	0.57	2.74	13.02	46.76	125.60
上海	51.19	0.56	0.30	0.02	0.13	0.07	0.09	0.04	0.17	0.80	2.89	7.76
江苏	1 158.68	12.75	6.69	0.46	2.90	1.51	1.95	0.80	3.82	18.19	65.35	175.54
浙江	290.79	3.20	1.68	0.12	0.73	0.38	0.49	0.20	0.96	4.57	16.40	44.06
安徽	667.19	7.34	3.85	0.27	1.67	0.87	1.12	0.46	2.20	10.47	37.63	101.08
福建	171.23	1.88	0.99	0.07	0.43	0.22	0.29	0.12	0.57	2.96	9.66	25.94
江西	259.42	2.85	1.50	0.10	0.65	0.34	0.44	0.18	0.86	4.07	14.63	39.30
山东	1 762.10	19.38	10.17	0.70	4.41	2.29	2.96	1.22	5.81	27.66	99.38	266.96
河南	1 402.95	15.43	8.10	0.56	3.51	1.82	2.36	0.97	4.63	22.03	79.13	212.55
湖北	568.09	6.25	3.28	0.23	1.42	0.74	0.95	0.39	1.87	8.92	32.04	86.07
湖南	488.02	5.37	2.82	0.20	1.22	0.63	0.82	0.34	1.61	7.66	27.52	73.94
广东	405.37	4.46	2.34	0.16	1.01	0.53	0.68	0.28	1.34	6.36	22.86	61.41
广西	239.13	2.63	1.38	0.10	0.60	0.31	0.40	0.17	0.79	3.75	13.49	36.23

（续）

	秸秆焚烧量	TSP	PM_{10}	SO_2	NO_X	NH_3	CH_4	EC	OC	VOC	CO	CO_2
海南	31.10	0.34	0.18	0.01	0.08	0.04	0.05	0.02	0.10	0.49	1.75	4.71
重庆	220.70	2.43	1.27	0.09	0.55	0.29	0.37	0.15	0.73	3.47	12.45	33.44
四川	667.97	7.35	3.85	0.27	1.67	0.87	1.12	0.46	2.20	10.49	37.67	101.20
贵州	196.25	2.16	1.13	0.08	0.49	0.26	0.33	0.14	0.65	3.08	11.07	29.73
云南	254.03	2.79	1.47	0.10	0.64	0.33	0.43	0.18	0.84	3.99	14.33	38.49
西藏	7.23	0.08	0.04	0.00	0.02	0.01	0.01	0.01	0.02	0.11	0.41	1.11
陕西	230.36	2.53	1.33	0.09	0.58	0.30	0.39	0.16	0.76	3.62	12.99	34.90
甘肃	159.44	1.75	0.92	0.06	0.40	0.21	0.27	0.11	0.53	2.50	8.99	24.15
青海	21.22	0.23	0.12	0.01	0.05	0.03	0.04	0.01	0.07	0.33	1.20	3.21
宁夏	73.31	0.81	0.42	0.03	0.18	0.10	0.12	0.05	0.24	1.15	4.13	11.11
新疆	305.89	3.36	1.76	0.12	0.76	0.40	0.51	0.21	1.01	4.80	17.25	46.34

附件 2　1999 年全国畜禽养殖排放总量及环境压力

1999 年全国畜禽养殖排放总量及环境压力

（国家环境保护总局自然生态保护司，2002）

地区	畜禽污染物产生量（万吨）		规模养殖场产生量（万吨）		工业污染物产生量（万吨）		生活污水 COD（万吨）	粪便耕地负荷（吨/公顷）	
	粪便量	COD	粪便量	COD	固废量	COD		计算负荷	警报值
全国	190 366	7 117	21 535.6	805.19	78 441	691.74	697	14.64	0.49
北京	637.6	27.9	195.0	8.54	1 161.42	3.03	13.9	18.54	0.62
天津	303.6	12.2	62.8	2.52	407.16	4.72	11.8	6.25	0.21
河北	12 708	469.3	1 832.7	67.67	7 156.24	58.1	21.8	18.46	0.62
山西	4 192.9	139.1	317.0	10.52	6 242.17	29.2	17.6	9.14	0.30
内蒙古	6 460.7	170.9	683.4	18.08	2 510.29	11.99	12.0	7.88	0.26
辽宁	4 274.4	173.7	728.3	29.60	7 545.10	34.46	38.2	10.24	0.34
吉林	7 191.2	268.7	666.7	24.91	1 770.08	21.29	22.3	12.89	0.43
黑龙江	5 509.3	205.2	896.2	33.39	2 880.63	19.38	35.1	4.68	0.16
上海	587.5	28.4	233.1	11.26	1 211.14	8.92	26.1	18.64	0.62
江苏	5 119.4	211.3	1 220.9	50.40	2 906.72	29.72	37.7	10.11	0.34
浙江	1 683.3	82.5	392.7	19.24	1 361.48	31.81	27.5	7.92	0.26
安徽	8 163.3	311.6	813.2	31.04	2 973.63	18.66	27.7	13.67	0.46
福建	2 267.2	104.1	425.6	19.54	1 589.54	14.95	17.0	15.80	0.53
江西	5 182.8	220.1	658.0	27.94	3 983.56	7.94	29.7	17.31	0.58
山东	18 960	667.6	2 319.1	81.65	5 166.06	55.00	48.4	24.66	0.82
河南	17 895	639.0	1 240.4	44.29	3 477.02	50.46	42.8	22.06	0.74
湖北	6 005.5	255.0	800.3	33.98	2 510.58	33.39	37.4	12.13	0.40
湖南	8 784.0	388.2	1 182.4	52.25	1 869.37	35.75	30.2	22.22	0.74
广东	6 716.4	295.9	1 357.3	59.81	1 877.37	33.96	51.0	20.53	0.68
广西	9 031.1	364.3	853.3	34.41	2 068.24	52.18	26.1	20.49	0.68
四川	14 442	591.8	1 513.3	62.01	4 395.82	37.80	31.3	15.75	0.53
贵州	7 213.7	270.6	301.1	11.29	2 925.10	8.20	17.1	14.71	0.49
云南	8 589.7	325.4	462.0	17.50	3 117.42	28.39	14.6	13.38	0.45
陕西	3 586.3	130.4	324.4	11.80	2 623.92	16.91	16.1	6.98	0.23
甘肃	4 424.0	144.8	458.1	15.00	1 699.34	5.83	8.3	8.80	0.29
宁夏	852.8	25.6	92.7	2.78	418.51	6.93	3.4	6.72	0.22
新疆	5 755.1	142.2	884.7	21.86	702.34	13.26	9.3	14.44	0.48

附件3 国家发展和改革委员会公布的2013年全国秸秆综合利用和焚烧情况表

全国秸秆综合利用和焚烧情况表

序号	省份	耕地面积（千公顷）	2012年秸秆可收集量（万吨）	2012年秸秆利用量（万吨）	2012年秸秆利用率（%）	2013年秸秆焚烧火点数（个）		2013年平均每千公顷耕地面积上火点数（个）	
						夏收	秋收	夏收	秋收
1	北京	231.7	233.30	203.70	87.00	—	—	—	—
2	天津	441.7	207.33	146.16	70.50	7	4	0.02	0.01
3	河北	6 317.3	5 794.00	4 693.14	81.00	206	275	0.03	0.04
4	山西	4 055.8	1 775.32	1 391.86	78.40	22	385	0.01	0.09
5	内蒙古	7 147.2	2 588.29	1 893.58	73.16	15	164	0.00	0.02
6	辽宁	4 085.3	2 800.00	1 836.80	65.60	10	23	0.00	0.01
7	吉林	5 534.6	3 707.40	2 781.50	75.03	4	100	0.00	0.02
8	黑龙江	11 830.1	6 430.00	4 820.00	75.00	8	255	0.00	0.02
9	上海	244	160.00	140.80	88.00	—	—	—	—
10	江苏	4 763.8	3 998.81	3 240.13	81.00	444	27	0.09	0.01
11	浙江	1 920.9	1 165.78	910.32	78.09	29	1	0.02	0.00
12	安徽	5 730.2	4 056.88	2 332.75	57.50	1 775	570	0.31	0.10
13	福建	1 330.1	915.00	755.70	82.60	—	—	—	—
14	江西	2 827.1	2 331.10	1 753.10	75.20	4	32	0.00	0.01
15	山东	7 515.3	7 260.00	5 735.40	79.00	574	292	0.08	0.04
16	河南	7 926.4	7 750.08	6 045.00	78.00	1 272	506	0.16	0.06
17	湖北	4 664.1	3 312.07	2 314.89	69.89	215	296	0.05	0.06
18	湖南	3 789.4	4 209.30	2 736.05	65.00	5	8	0.00	0.00
19	广东	2 830.7	1 846.00	1 513.00	82.00	6	9	0.00	0.00
20	广西	4 217.5	4 946.00	3 237.16	65.45	4	16	0.00	0.00
21	海南	727.5	780.12	343.25	44.00	—	—	—	—
22	四川	5 947.4	4 140.00	2 910.42	70.30	42	0	0.01	0.00
23	重庆	2 235.9	1 018.20	562.86	55.28	—	—	—	—
24	云南	6 072.1	1 743.35	1 208.14	69.30	—	—	—	—

（续）

序号	省份	耕地面积（千公顷）	2012年秸秆可收集量（万吨）	2012年秸秆利用量（万吨）	2012年秸秆利用率（%）	2013年秸秆焚烧火点数（个）		2013年平均每千公顷耕地面积上火点数（个）	
						夏收	秋收	夏收	秋收
25	贵州	4 485.3	1 360.44	777.95	56.18	—	—	—	—
26	陕西	4 050.3	2 635.00	1 885.00	72.00	12	55	0.00	0.01
27	甘肃	4 658.8	2 072.00	1 388.25	67.00	10	25	0.00	0.01
28	宁夏	1 107.1	354.50	297.43	83.90	0	70	0.00	0.06
29	青海	542.7	156.69	113.42	72.40	—	—	—	—
30	新疆	3 034.12	2 296.83	1 613.70	70.26	0	101	0.00	0.03
31	新疆建设兵团	1 090.48	981.96	954.39	97.20	—	—	—	—
32	合计	121 354.3	81 745.46	60 535.84	74.10	4 664	3 214		

注：①各地耕地面积来源于《中国统计年鉴》（2013）；②各地秸秆可收集量及综合利用率为中期评估结果（2012年年底数据）；③各地秸秆焚烧情况数据为2013年度卫星遥感监测数据；④火点数为空白的表示全年火点数小于10个；⑤西藏地区秸秆可收集量小，不计入利用情况。

附件4　2009年、2011年调查问卷

农户农业废弃物资源化利用状况调查问卷

尊敬的农户：

您好！本次调查的目的是了解农业废弃物利用的现状，研究结果对于促进农村秸秆的资源化利用，增加农户收益，美化农村环境具有现实意义。请您真实地回答我们的问题，便于我们做客观的科学研究。我们的研究结果可以为您资源化利用农业废弃物提供切实可行的建议。非常感谢您的配合！

西北农林科技大学《农业废弃物资源化利用》调查小组

2012年7月

注：将您要选择的选项用“√”选出。

调查对象特征

1. 您的性别：　A. 女性　B. 男性
2. 您的文化程度：
   A. 文盲　B. 小学　C. 初中　D. 高中及以上
3. 户主的文化程度：
   A. 文盲　B. 小学　C. 初中　D. 高中及以上
4. 家庭中是否有村干部：　A. 否　B. 是
5. 家庭所在地区：　A. 城中村　B. 城郊　C. 农村
6. 农业收入占家庭总收入的百分比：
   A. 25%以下　B. 25～49%　C. 50～75%　D. 75%以上
7. 种植规模（产生秸秆的作物）：________亩
8. 家中有无一定规模的养殖业：　A. 有　B. 没有
9. 户主的年龄：
   A. 35岁及以下　B. 36～45岁　C. 46～55岁　D. 56岁或以上
10. 您家庭的决策对象：　A. 女性　B. 男性　C. 男女共同决策
11. 家中有无沼气池：　A. 有　B. 没有

秸秆部分

1. 您觉得资源化利用秸秆对家庭收益有什么影响：
   A. 减少收入　B. 没有影响　C. 增加收入　D. 不关心
2. 您的家庭是怎么处理产生秸秆一类的作物？
   A. 焚烧　B. 做饭或取暖　C. 直接还田　D. 过腹还田
   E. 家畜饲料　F. 卖给造纸厂　G. 沼气利用　H. 其他
3. 您知道秸秆有哪些用途吗？
   A. 非常不了解　B. 不了解　C. 一般　D. 较了解　E. 非常了解
4. 您知道秸秆焚烧的污染吗？
   A. 不知道　B. 不关心　C. 知道一点
5. 当地政府对秸秆资源化利用的宣传力度对您家秸秆利用方式是否有影响？
   A. 完全没有影响　B. 影响较小　C. 一般
   D. 影响较大　E. 影响非常大
6. 当地政府对秸秆资源化利用是否有相应的政策？
   A. 没有　B. 有政策
7. 对当地政府的政策您的态度是？
   A. 不满意　B. 无所谓　C. 一般　D. 满意
8. 您家目前采用秸秆资源化利用方式的原因？
   A. 政府强制执行　B. 政府动员执行　C. 有技术员下乡服务指导
   D. 自家感觉需要　E. 其他
9. 您是否知道秸秆可以资源化利用？
   A. 不知道　B. 知道一点　C. 知道较多
10. 您是否希望把您家的秸秆加以资源化利用？
    A. 不希望　B. 无所谓　C. 希望
11. 您最希望通过哪些方式获得秸秆资源化利用技术？
    A. 政府组织培训　B. 科技下乡　C. 发放相关技术的宣传册
    D. 视频教学　E. 收音机　F. 亲友、邻居传授厂家上门指导
    G. 其他
12. 以下秸秆资源化利用技术您比较喜欢哪几种（多选）：
    A. 机械化秸秆还田（直接粉碎后埋入土壤做肥料）
    B. 保护性耕作（残茬覆盖，免耕播施，深松和控制杂草）
    C. 秸秆饲养畜禽，促进秸秆过腹还田

D. 秸秆生物腐熟还田，增加土壤有机质

E. 秸秆气化（清洁燃料、沼气）

F. 秸秆用作培育食用菌（其培养基还可作优质有机肥）

G. 工业原料（发电、造纸、板材、器皿、包装、建材）

H. 加工编制品（防洪涝，包装、砖坯、水泥制品、建筑、大棚等）

I. 循环利用，比如："果—沼—气"或"粪便—沼气—肥料"等

13. 您认为秸秆等资源利用化低的原因是？

A. 成本高，收益低　　B. 政府宣传不到位　　C. 农户的积极性低

D. 缺乏政策扶持　　E. 企业的利润少　　F. 其他

14. 您做饭一般采用什么能源（可多选）？

A. 农作物秸秆　　B. 薪柴　　C. 煤球或煤块　　D. 天然气或煤气

E. 电　　F. 太阳能　　G. 其他

15. 知道资源化利用秸秆对环境的好处么？

A. 不了解　　B. 有点了解　　C. 较了解

16. 知道资源化利用秸秆对交通的好处么？

A. 不了解　　B. 有点了解　　C. 较了解

17. 知道资源化利用秸秆对土地的好处么？

A. 不了解　　B. 有点了解　　C. 较了解

18. 知道秸秆可以有哪些用途么？

A. 不了解　　B. 有点了解　　C. 较了解

禽畜粪便部分

1. 您家是否有养殖业？　　A. 否　　B. 是

2. 养殖的牲畜是（多选）？

A. 牛　　B. 猪　　C. 羊　　D. 鸡　　E. 兔　　F. 其他

对应数量：牛____猪____羊____鸡____兔____其他____

3. 您一般如何处理畜禽粪便？

A. 卖掉　　B. 扔掉　　C. 肥料　　D. 饲料　　E. 清洁能源（沼气）

4. 平常时是否注意家禽粪便卫生与环境？　　A. 是　　B. 否

5. 您认为畜禽粪便能改善土壤结构吗？　　A. 能　　B. 不能　　C. 不知道

6. 您收集和处理畜禽粪便有固定时间吗？

A. 有　　B. 没有　　C. 没在意

7. 您大约多久处理一次畜禽粪便？

A. 5 天　　B. 10 天　　C. 半个月　　D. 其他

8. 您家里利用畜禽粪便的来源？

A. 自己家的畜禽粪便　　B. 收集别人家的畜禽粪便　　C. 其他来源

9. 有没有专门处理畜禽粪便的地方？

A. 有　　B. 没有　　C. 没在意

10. 专门处理畜禽粪便的地方在哪里？

A. 自己家院子　　B. 村里某个地方集中处理　　C. 田边

11. 您家里沤肥吗（回答不是，则跳过 12、13、14 题）？

A. 是　　B. 不是

12. 您家里沤肥需要多长时间？　A. 5 天　　B. 7 天　　C. 10 天

13. 在沤肥过程中有没有添加其他东西？

A. 有　　B. 没有　　C. 不知道

14. 添加的东西能够提高沤肥速率吗？

A. 能　　B. 不能　　C. 效果不明显

15. 当地政府重视畜禽粪便的处理和再利用吗？

A. 不重视　　B. 一般　　C. 重视

16. 针对畜禽粪便的处理和再利用，政府有没有资金投入？

A. 有　　B. 没有　　C. 不了解

17. 有关部门有没有进行过相关的宣传教育？

A. 没有　　B. 有　　C. 没在意

18. 您知道国家在畜禽粪便的处理和再利用方面有哪些优惠政策？

A. 知道较多　　B. 知道一点　　C. 不知道

19. 您在处理畜禽粪便时使用过下面哪种方法（可多选）？

A. 高品质堆肥　　B. 燃烧及炭化处理

C. 脱臭处理使用　　D. 都没使用过

20. 您有没有认识到畜禽粪便的利用价值？

A. 了解　　B. 基本了解　　C. 不清楚

21. 您觉得把家禽粪便运用到蔬菜种植方面的作用大不大？

A. 不大　　B. 大　　C. 没有用过

22. 您觉得家禽粪便会造成环境污染吗？

A. 会　　B. 不会　　C. 不知道

23. 您有没有想过把家禽粪便等更加合理运用，例如：把废气转化为沼气利用？

A. 有　　B. 没有

24. 您是否知道有家禽粪便养殖渔业方面的技术？

A. 知道　　B. 不知道

25. 您是否考虑过大面积养殖业与种植业结合起来？

A. 考虑过　　B. 没考虑过

秸秆和禽畜粪便的资源化利用部分（沼气）

1. 您家沼气的主要用途？

A. 做饭　B. 照明　C. 电视机　D. 专卖其他人　E. 其他

2. 您家沼气的规模如何？

A. 较小　B. 一般　C. 较大立方米

3. 沼气技术来源？

A. 亲友邻居帮助　B. 政府支持　C. 咨询专家或技术员

D. 自己探索　E. 其他

4. 您家建立沼气池有无面临资金困难？

A. 有　B. 没有

5. 沼气池的建造地点？

A. 自己家中　B. 村内其他地方

6. 您家沼气池的原料来源？

A. 自己家的原料　B. 从外边购买　C. 别人供给　D. 其他

7. 您家的沼气池是多家共用的吗？

A. 是　B. 不是

8. 沼气池荒废了吗（回答不是，则跳过下一题）？

A. 是　B. 不是

9. 沼气池荒废的原因？

A. 原料因素　B. 沼气利用效率太低　C. 成本太高

D. 不会使用　E. 其他

10. 您所在地有无大中型沼气场？

A. 没有　B. 有　C. 不知道

11. 沼气池的沼渣是如何处理的？

A. 填埋　　B. 出售　　C. 其他

12. 您认为沼气能否大规模利用，并作为商品出售？

A. 不可能　　B. 有可能　　C. 没考虑

13. 您对户用小型沼气池的管理态度如何？

A. 没时间管理　　B. 管理过程繁琐　　C. 管理简单　　D. 其他

14. 您是否希望户用小型沼气池纳入集体管理渠道，由专人管理？

A. 不太愿意　　B. 比较愿意

C. 非常愿意　　D. 没考虑过/不知道

15. 当地政府对沼气宣传力度对您家秸秆利用方式是否有影响？

A. 基本没有影响　　B. 有一些影响　　C. 影响较大

16. 当地政府对您建造沼气池有无补贴（回答没有则跳过下一题）？

A. 有　　B. 没有

17. 您认为政府的补贴力度如何？

A. 太小　　B. 一般　　C. 较大

感谢您的支持，祝您家庭幸福！

调查时间：　　调查地点：

附件5　2014年调查问卷

问卷编号：　　访员姓名：　　访问时间：

访问地点（下划线）：（杨陵街道；五泉镇；李台乡；杨村乡；大寨乡；揉谷镇）________村

杨凌示范区农户农业废弃物资源化利用状况调查问卷

尊敬的农户：

您好！本次暑期社会实习，调查的目的是了解农业废弃物利用的现状，研究结果对于促进农村秸秆的资源化利用，增加农户收益，美化农村环境具有现实意义。请您真实地回答我们的问题，便于我们做客观的科学研究。我们的研究结果可以为您资源化利用农业废弃物提供切实可行的建议。非常感谢您的配合！

西北农林科技大学《农业废弃物资源化利用》调查小组

2014年7月

注：将您要选择的选项用“√”选出。

一、调查对象特征

1. 您的性别：　　A. 女性　　B. 男性
2. 您的年龄：________岁
3. 您的文化程度：　　A. 文盲　　B. 小学　　C. 初中　　D. 高中及以上
4. 家庭所在地区：　　A. 城中村　B. 城郊　　C. 农村
5. 农业收入占家庭总收入的%________
6. 您做饭一般采用什么能源（可多选）？

　A. 农作物秸秆　　B. 薪柴　　C. 煤球或煤块　　D. 天然气或煤气

　E. 电　　F. 太阳能　　G. 沼气　　H. 其他

二、秸秆部分

7. 去年种植规模与产量：

小麦（　　）亩，产量（　　）千克，投入成本（　　）元
玉米（　　）亩，产量（　　）千克，投入成本（　　）元
豆类（　　）亩，产量（　　）千克，投入成本（　　）元
油菜（　　）亩，产量（　　）千克，投入成本（　　）元
花生（　　）亩，产量（　　）千克，投入成本（　　）元
麻类（　　）亩，产量（　　）千克，投入成本（　　）元
（　　）（　　）亩，产量（　　）千克，投入成本（　　）元
（　　）（　　）亩，产量（　　）千克，投入成本（　　）元
（　　）（　　）亩，产量（　　）千克，投入成本（　　）元

8. 您的家庭是怎么处理产生秸秆一类的作物（可多选）？
A. 堆起来放着　B. 焚烧　C. 做饭或取暖　D. 堆沤肥料
E. 机械粉碎还田　F. 出售　G. 家畜饲料　H. 沼气池原料
C. 饲养畜禽，过腹还田　F. 蘑菇、食用菌培养基
H. 加工编制品　I. 循环利用，秸秆—沼气—肥料　I. 其他

9. 您对第 2 题中秸秆利用方式的了解程度：
A. 不了解　B. 了解一点儿　C. 了解比较多

三、畜禽粪便部分

10. 您家是否养殖家畜家禽？　A. 否　B. 是

11. 畜禽圈舍位于什么地方：
A. 自家院子　B. 村内其他地方　C. 村外偏僻处　D. 其他

12. 您的养殖种类：
A. 奶牛（　　）头，投入成本（　　）元/年，其中饲料花费（　　）元/年，毛收入（　　）元/年
B. 肉牛（　　）头，投入成本（　　）元/年，其中饲料花费（　　）元/年，毛收入（　　）元/年
C. 猪（　　）头，投入成本（　　）元/年，其中饲料花费（　　）元/年，毛收入（　　）元/年
D. 羊（　　）头，投入成本（　　）元/年，其中饲料花费（　　）元/年，毛收入（　　）元/年
E. 蛋鸡（　　）只，投入成本（　　）元/年，其中饲料花费（　　）元/年，毛收入（　　）元/年

F. 肉鸡（　　）只，投入成本（　　）元/年，其中饲料花费（　　）元/年，毛收入（　　）元/年

G. 鸭（　　）只，投入成本（　　）元/年，其中饲料花费（　　）元/年，毛收入（　　）元/年

H. 马驴骡（　　）头，投入成本（　　）元/年，其中饲料花费（　　）元/年，毛收入（　　）元/年

I. 兔（　　）只，投入成本（　　）元/年，其中饲料花费（　　）元/年，毛收入（　　）元/年

J. 其他（　　）头，投入成本（　　）元/年，其中饲料花费（　　）元/年，毛收入（　　）元/年

13. 产品主要去向：　A. 本地　B. 本省内　C. 外省

14. 产品主要用途：　A. 自家吃用　B. 出售

15. 产品销售方式：

A. 自己到居民区销售　B. 固定收货商

C. 协议收货单位（合同）　D. 其他

16. 饲料主要来源：　A. 自家生产　B. 购买商品饲料

17. 饲料的主要成分：

A. 粮食副产品（麦麸等）　B. 秸秆　C. 饲草　D. 其他

18. 饲料添加剂按什么标准添加：

A. 自己经验　B. 添加剂说明书

C. 添加剂厂家或销售商指导　D. 其他

19. 畜禽粪便的主要去处：（可多选）

A. 放到固定堆放点　B. 直接放到农田　C. 用水冲走

D. 送给周边农户　E. 出售　F. 沤肥后放到农田

G. 做有机堆肥　H. 用作沼气原料　I. 做成蘑菇培养基

J. 其他

20. 您是否经常为畜禽粪便的处理发愁：

A. 不发愁　B. 一般　C. 比较发愁

21. 您在畜禽粪便处理中遇到的最大难题是（　　），其次是（　　），第三是（　　）

A. 运输困难　B. 不知道咋处理　C. 处理成本太高

D. 没时间没精力顾及　E. 处理过程太繁琐　F. 处理没有利润

G. 人手不够　H. 感觉没必要处理　I. 没人来收购
J. 其他

22. 您最希望养殖场的畜禽粪便如何处理（　　），其次是（　　）
A. 不处理　B. 放到固定堆放点　C. 直接放到农田
D. 用水冲走　E. 送给周边农户　F. 出售
G. 沤肥后放到农田　H. 做有机堆肥　I. 用作沼气原料
J. 做成蘑菇培养基　K. 其他

23. 家中有无沼气池：　A. 没有（选此项结束访问）　B. 有

24. 沼气池是否继续在使用：
A. 没有使用（选此项结束访问）　B. 还在用

25. 沼气池原料的主要来源：
A. 自己家的原料　B. 从外边购买　C. 问别人要　D. 其他

26. 沼气池荒废的原因：
A. 原料因素　B. 产气效率太低　C. 成本太高　D. 不会使用
E. 其他

27. 沼渣如何处理：A. 填埋　B. 堆到地里　C. 出售　D. 其他

28. 沼液如何处理：A. 填埋　B. 堆到地里　C. 出售　D. 其他

感谢您的支持，祝您家庭幸福！

附件6　杨凌示范区养殖场经营现状调查问卷

尊敬的养殖业主：

我们是“杨凌示范区养殖场经营现状”实习小组的本科生，此次调查希望能够了解杨凌养殖业的发展现状。研究对推动杨凌养殖业的发展具有一定的参考价值。您的配合是对我们科研工作的大力支持。我们秉持为被调查者保守个人隐私的科学道德，本次调查结果将只用于科研。非常感谢您的参与，谢谢！

“杨凌示范区养殖场经营现状”实习小组

2014年7月

一、背景资料：

1. 您的年龄________
2. 性别：　A. 男　B. 女
3. 您的文化程度：

   A. 小学及以下　B. 初中　C. 高中或高职　D. 大专

   E. 本科及以上
4. 您是否是本地户口：　A. 不是　B. 是
5. 您在建立该养殖场之前的职业是：________

二、养殖场情况

6. 您的养殖场建立于哪一年？________
7. 您的养殖场位于什么地址：________________________________

访员注意：具体到街道门牌号，或者距离市中心某标志性建筑多少公里等。

8. 养殖场的场地来源：

   A. 自家地皮　B. 租的私人地皮　C. 租的乡镇/村里的地皮

   D. 政府批的地　E. 其他
9. 养殖场劳动力来源：

   A. 自己　B. 家人　C. 亲友　D. 雇工（若有，雇工的工资是______元/月）

10. 养殖场劳动力共________人，其中雇工人________

11. 养殖场是否有专业技术员：

A. 没有　　B. 有（若有，技术员的工资是________元/月）

12. 您养殖场投入的资金主要来源于________，其次来源于________，再次来源于________

A. 自己　　B. 政府　　C. 向亲友借　　D. 与私人合资
E. 与企业合资　　F. 民间借贷　　G. 银行贷款　　H. 企业投资

访员记录各资金来源所占的比例等详细信息：________________

三、养殖经营情况

13. 您的养殖种类：

A. 奶牛　　B. 肉牛　　C. 猪　　D. 羊　　E. 蛋鸡　　F. 肉鸡
G. 鸭　　H. 马驴骡　　I. 兔　　J. 其他

14. 养殖规模________头/只/匹；年存栏量________头/只/匹；年出栏量________头/只/匹

15. 产品主要去向：　A. 本地　　B. 本省内　　C. 外省

16. 产品销售方式：

A. 自己到居民区销售　　B. 固定收货商
C. 协议收货单位（合同）　　D. 其他

17. 生产成本________元/年，其中：

饲料______元/年，育种______元/年，基本设施维护费______元/年
防疫________元/年，畜禽粪便处理成本________元/年

18. 产品毛利润________元/年

19. 饲料来源：

A. 向农户或小贩收购　　B. 自己生产加工
C. 购买商品饲料　　D. 其他

20. 饲料的主要成分：

A. 粮食副产品（麦麸等）　　B. 秸秆　　C. 饲草　　D. 其他

21. 饲料添加剂按什么标准添加：

A. 自己经验　　B. 添加剂说明书
C. 添加剂厂家或销售商指导　　D. 其他

22. 畜禽粪便的主要去处：

A. 放到固定堆放点　B. 用水冲走　C. 送给周边农户　D. 出售
E. 做堆肥　F. 沼气　G. 其他

23. 您在畜禽粪便处理中遇到的最大难题是________，其次是________，第三是________
A. 运输困难　B. 没有认识的技术员或专家　C. 处理成本太高
D. 没时间没精力顾及　E. 处理过程太繁琐　F. 处理没有利润
G. 不知道有哪些处理方式　H. 人手不够　I. 感觉没必要处理
J. 其他

24. 您最希望养殖场的畜禽粪便如何处理________，其次是________
A. 不处理　B. 直接出售　C. 堆肥/有机肥
D. 沼气　E. 做成蘑菇培养基　F. 其他

访员姓名：________访问时间：________
访问地点（打钩）：（杨陵街道/五泉镇/李台乡/杨村乡/大寨乡/揉谷镇）________村

后　　记

本书是在笔者博士论文的基础上修改而成。在此对完成本书内容提供帮助的诸多老师、亲友的鼓励和支持表示深深的谢意。2010年9月至今四年岁月，时间如白驹过隙，在毕业论文完成之际，深感博士学位的获得不仅需要自己的刻苦努力，也需要诸多老师、亲友的鼓励和支持，在此表示深深的谢意。

首先，感谢尊敬可爱的老师、同事和朋友们。感谢我的博士导师樊志民教授，他给予我方法学的指导，教会我以历史的独特眼光去动态地研究问题，开阔了我的研究视野；他给予我极大的学术自由，在博士论文的选题上尊重我的科研兴趣；在生活方面，体谅学生们的难处，关心学生们的生活，最难忘的是导师和夫人专门为我们女弟子过了温馨快乐的三八节，此类感动不胜枚举。感谢付少平教授、张红副教授在论文撰写过程中给予的宝贵建议、无私帮助和鼓励，这使我有了坚持下去的勇气。感谢张增强教授在论文写作过程中给予的大力支持。感谢王征兵教授、王礼力教授、李世平教授、陈遇春教授、朱宏斌教授在开题或预答辩时给予的宝贵建议，对论文的结构和研究方法有建设性的指导意义。感谢杨凌现代农业示范园区崔卫军主任和杨凌区审计局李玲女士在企业调查和数据方面提供的帮助。感谢资环学院杨香云老师在地理信息分析方面的耐心帮助。感谢我的同事景晓芬博士对论文提出的宝贵建议。感谢社会学专业2006—2012级本科生、资环学院2010级张广杰、2013级王权、2014级彭丽等研究生在社会调查和化学实验方面的大力支持。感谢西北农林科技大学人文学院社会学系的同事们，与你们同甘共苦是我上进的动力。

其次，感谢亲爱的家人们。感谢老公帮我分担家务，在化学实验方面也给予了无私帮助，还在精神上不断鼓励我，使我能够不断进步。感谢可爱的小宝宝，她懂事、贴心，还陪我宅了一整个夏天。感谢勤劳善良的公公婆婆，帮我分担育儿的任务，给我腾出了充分的时间用于学习和研究。感谢善良睿智的老父亲，给我精神、生活上的无私奉献。感谢弟弟多次来看我，给予我精神、生活上的鼓励。感谢弟弟、弟妹帮我照顾宝宝。感谢所有的家人和亲友，你们是我不断奋斗的精神支柱。

最后，谨以此书献给我伟大的母亲陈玉华女士。